甩掉焦虑这只章鱼

孩子焦虑的真相与应对方法

[法] 安娜·塞内基耶 (Anne Sénéquier) 著

[法] 苏菲·布克松 (Sophie Bouxom) 绘

王苡 译

机械工业出版社
CHINA MACHINE PRESS

本书是法国著名的儿童精神科医生安娜·塞内基耶（Anne Sénéquier）为父母和孩子提供的一套简单易用的焦虑应对方法。它主要界定了焦虑与压力、恐惧等感受的差异，分析了造成焦虑的原因、根源和表现形式，以及影响焦虑的环境因素，如家庭、学校、社交网络等，并分享了11种拿来就用的方法和工具。

全书还设计了一个焦虑的"代言人"——章鱼皮皮，图文并茂，轻松易读。家长可以和孩子一起学习并练习使用书中的工具，以减轻孩子的焦虑问题。这是一本难得的缓解孩子焦虑的认知＋工具型的科普图书，值得家长反复阅读和实践。

L'anxiété de mon enfant written by Anne Sénéquier and illustrated by Sophie Bouxom

© First published in French by Mango, Paris, France – 2024

Simplified Chinese translation rights arranged through Peony Literary Agency

Simplified Chinese Translation Copyright © 2025 China Machine Press. This edition is authorized for sale in the Chinese mainland (excluding Hong Kong SAR, Macao SAR and Taiwan).

All rights reserved.

北京市版权局著作权合同登记　图字：01-2024-3827号。

图书在版编目（CIP）数据

甩掉焦虑这只章鱼：孩子焦虑的真相与应对方法 /（法）安娜·塞内基耶著；（法）苏菲·布克松绘；王苡译. -- 北京：机械工业出版社，2024. 12. -- ISBN 978-7-111-77165-4

Ⅰ. B842.6-49

中国国家版本馆CIP数据核字第2024UR3234号

机械工业出版社（北京市百万庄大街22号　邮政编码100037）
策划编辑：刘文蕾　　　　　责任编辑：刘文蕾　陈　伟
责任校对：张昕妍　陈　越　责任印制：任维东
北京瑞禾彩色印刷有限公司印刷
2025年1月第1版第1次印刷
165mm×225mm·11.75印张·131千字
标准书号：ISBN 978-7-111-77165-4
定价：69.80元

电话服务　　　　　　　　　　网络服务
客服电话：010-88361066　　　机　工　官　网：www.cmpbook.com
　　　　　010-88379833　　　机　工　官　博：weibo. com/cmp1952
　　　　　010-68326294　　　金　书　网：www.golden-book. com
封底无防伪标均为盗版　　机工教育服务网：www.cmpedu.com

甩掉焦虑这只章鱼
孩子焦虑的真相与应对方法

前　言

　　焦虑是一种情绪，几乎每个人都在某个时刻经历过。这会带来什么问题吗？是的，对于某些人来说，他们感受到的焦虑更为强烈、更为持久、更为频繁，甚至让他们的日常生活也深受影响。

　　焦虑是世界上最常见的心理问题之一。世界卫生组织的相关数据显示，在 2019 年，焦虑影响了 3.01 亿人。在经历了 21 世纪初的几场重大冲突和新冠疫情后，这个数字可能更高。尽管焦虑非常普遍，但焦虑的影响绝不应该被低估或忽视。

　　焦虑是导致心理健康问题的罪魁祸首，它在一个人的整个生命过程中都会持续存在，并不断产生影响。

　　心理健康是心理、生理、家庭、社会、环境等多种复杂因素交互作用的结果。这种多面性既是它的弱点（让人感到无所适从），也是它的优点（每个影响因素都可以成为改善心理健康的途径）。

　　根据世界卫生组织的统计，当今全球约有 10 亿人受到心理健康问题的困扰，这个惊人的数字说明我们正艰难地生活在一个病态的世界中，不良情绪在这里恣意蔓延。我们的负担已经太重了，重到我们不能再继续忽视心理的健康状况了。今天，问题已不再是我们的心理健康状况是否不堪一击，而是我们的心理健康状况在什么情况下会变得不堪一击，我们会在生命中的哪一时刻遭受精神上的重击。因此，从小教会孩子管理好他们的情绪和缓解焦虑是至关重要的。

在我过去 15 年的咨询工作中，我接触过中东地区遭受恐怖袭击的家庭，面对过阿富汗地震后的现场，在法兰西岛的儿童精神科急诊室值过夜班，在非洲和我巴黎的诊所里工作过，同时还与我家里的四个"小小的我（我的孩子们）"在一起朝夕相处，他们每天都在挑战我这个儿童精神科医生。这些经历让我围绕情绪和焦虑管理形成了一条贯穿始终的主线。

今天，我希望能够为你提供这样一条线索，帮助你更好地理解孩子的焦虑（没准也包括你自己的焦虑），并为你提供帮助孩子缓解焦虑的工具。

▶ 一个小建议

不要总是追求完美，而是要做一些你可以长期坚持下去的事情。如果想改变当前的生活节奏和习惯，你需要付出大量的精力、时间以及耐心，所以我们必须要找到一个符合客观现实的方法。当你更多地感受到平静而不是焦虑，并且这种状态在你的日常生活中开始慢慢站稳脚跟时，你就可以走得更远一些了。

为了达到这个目的，我在本书各个章节中的阐述会尽量做到清晰且实用。

第 1 章讨论的是焦虑本身：焦虑是什么？焦虑从何而来？你可能会认为后面那个问题并不重要，但如果我们想要解构某样东西，首先就需要了解它，尤其是当我们要解构的是一种情绪或感受的时候。我们还会谈谈是什么困住了家长，还会说到孩子们的一些"魔法思维"，因为焦虑中是有"魔法思维"的！（这并不像听上去那么好玩，但却非常重要。）

第 2 章探讨了影响焦虑的因素。在这本书里，你会看到对相关研究和数据的引用，这也印证了我前面提到的：焦虑形成的原因具有多面性。我们将学习如何定位问题并加以改善。你可能会惊讶地发现，这里也有你给孩子制造的限制。你将和孩子一起对日常生活进行剖析，发现当前存在的问题，找到解决方法并反复练习。这些方法将陪伴孩子一生，你自己也可以使用！所以，阅读本书和使用本书中介绍的工具是没有年龄限制的。不过某些工具或方法更适用于幼儿或青少年。我会请你先筛选出现在就与你有关的内容，其他部分可以等到几个月或几年后遇到对应的问题时再回来查阅。

最后一章旨在打造一个多样且实用的心理工具箱，从而降低孩子的焦虑水平，让孩子为自己的真实需求和愿望腾出更多的心理空间。我们将分享一系列的应对焦虑的工具，如 ACARA 法、美好结局法、拟人法和暴露脱敏法等，总之，多种多样！

本书不仅适合家长阅读，也适合所有想要了解焦虑产生的原因和应对方法的人阅读。

祝你阅读愉快！

有请章鱼皮皮出场!

在本书中，我们将以一种特别的形式来呈现焦虑——我们叫它"章鱼皮皮"，它象征孩子的焦虑。章鱼皮皮是一只巨大的黄色章鱼，当孩子感到焦虑时，它就会黏在孩子身上。有时候章鱼皮皮甚至会用触须紧紧缠住孩子，让他喘不过气。这个时候，孩子的处境是最艰难的，焦虑的痛苦也会达到极限！那这本书有什么用呢？它能帮助孩子摆脱章鱼皮皮，告别焦虑，重新掌控自己的生活。

应对焦虑的工具箱（速查）

目　录

第 1 章
焦虑是什么

根据世界卫生组织的统计，精神疾病在青少年中的发病率是 14%，相当于每 7 个青少年当中就有一个患有精神方面的疾病。而在所有这些疾病中，焦虑最为普遍。18 岁以下的人群中约 4% 有焦虑问题。无论对于儿童还是成人来说，焦虑都是其他大多数精神疾病的诱因，因此我们对焦虑绝不可掉以轻心。

另外，研究表明，儿童时期的焦虑状态很可能会持续到成年以后。因此，家长们要重视这个问题，否则孩子在未来会更加容易受到焦虑的影响。

焦虑是什么？正常与病态之间的界限在哪？焦虑在不同年龄段的人身上表现形式是否一样？儿童的焦虑有什么特别之处？别担心，我们会一一解答这些问题！

一种多变的情绪障碍

焦虑可能是急性的（也就是突然出现并迅速发展），也可能在压力反复出现或长期持续下变为慢性的。一旦出现慢性焦虑，就可能引发广泛性焦虑，而在极端情况下甚至会导致焦虑抑郁综合征。

焦虑并不只是一个人对特定情境的直接反应，也不仅仅是一个人对生理刺激的反应，而是这二者结合的产物。由于每个人对不同的情境和生理刺激的反应不同，因此每个人对焦虑的易感程度也不尽相同。

从轻度的压力到严重的恐惧症，焦虑可以表现出不同的形式和强度。如果按照持续的时间划分，焦虑还可以分为急性焦虑、反复性焦虑、慢性焦虑等。焦虑的多样性（感谢大自然的馈赠）也体现在它众多的症状中，比如焦虑症、恐惧症、强迫症、广泛性焦虑综合征、焦虑抑郁综合征、抽动症……

▶了解更多

　　注意，虽然焦虑具有多样性，但我们也并不会把所有形式的焦虑都视为病态。焦虑是儿童正常发展的一部分，是他们在感知到危险时自然而然的反应。只有当焦虑反复出现或者影响到孩子的日常生活时才需要引起重视。

"感受"是个关键词。面对相同的情况，每个孩子会根据自己的感受做出不同的反应。

恐惧是对实际危险做出的直接反应，而焦虑往往是对潜在的、想象的或者夸大的危险的一种担忧。这是理解恐惧与焦虑之间差异的关键所在。

焦虑与恐惧、压力、恐慌有何不同

焦虑与恐惧的区别

→ 恐惧是面对真实危险时的反应，主要表现为害怕。

我害怕从楼梯上 / 缆车上 / 梯子上摔下来。

这是一种对情境的合理分析，以避免置身于险境。所以：

我不能独自爬到梯子的顶上去。

（这是一个明智的决定，尤其是对于 6 岁的孩子来说！）

→ 焦虑是一种对事物的主观感受，而不是对现实的客观认知，主要表现为担心。

 走在埃菲尔铁塔上层的玻璃栈道上，我会害怕。

这里并没有真正的危险，而是透明的玻璃地面给人一种会掉下去的错觉，让人感觉到危险。

焦虑来自于环境中的某个因素。有些因素是显而易见的，家长也相对容易理解（比如埃菲尔铁塔上的玻璃栈道），但有些则隐藏得很深，例如孩子对课外活动（也可能是其他活动）感到的压力，实际上可能是由于担心家长在接他的路上发生交通事故。这样的原因孩子很可能不会主动提起，甚至他自己可能都没有察觉。可见识别焦虑的来源绝非易事。

焦虑与压力、恐慌的区别

→ **压力**是身体对某种被视为大麻烦的情境所做出的生理反应。通常表现为心跳或呼吸加快，并伴随大面积的肌肉紧张。这种状态不会持续很长时间，只要产生问题的情境结束，压力就会消失。

→ **焦虑**指的是一种被自己的感受所放大的压力，甚至是自己制造出来的压力。对潜在压力的担忧也是一种焦虑。与压力相比，焦虑的感受通常不那么强烈，但它持续的时间更长。

→ **恐慌**通常与负面情绪、失控感或强烈的不适感相关，但也存在无法确定诱因的情况。恐慌的特征是出现身体上的反应，如压迫感。

未成年人的各种担忧

对小宝宝来说

小宝宝在成长过程中常常要面对各种恐惧。常见的有怕黑（通常从1岁半开始）、怕猫或者狗（也包括其他会咬人的动物）、怕陌生人、怕怪物或者怕鬼等。

在这个阶段，孩子开始具有了一定的想象力，但还无法区分幻想与现实，因此他们会怕黑和怕那些想象中的生物。这些联想往往会导致分离焦虑。

得有人陪着我，不然我会被怪物抓走的！

对儿童来说

孩子在8岁左右开始形成具体的推理能力，他们开始对周围世界的各个方面产生疑问，进而引发对各种事故、动物以及新闻媒体的恐惧。对于那些吃饭时看新闻的家庭，尤其是把新闻频道当作家庭背景音的家庭，是时候关掉电视了。此时孩子的焦虑可能表现为恐惧症，比如对动物的恐惧、对血液的恐惧（即血液恐惧症）、强迫症，甚至是不明原因的身体不适。

在8岁到11岁之间，孩子的自尊心往往建立在优异的学习成绩或体育表现之上（而当今的教育和体育中的竞争性对孩子的帮助甚微）。随之而来的是他们对失败的恐惧、害怕让别人（爸爸、妈妈、老师……）失望。这些恐惧会演变成对自己表现的焦虑和考试前的巨大压力，严重的还可能会发展为学校恐惧症⊖。

对青少年来说

孩子在青少年时期会发展出一种"形式运算思维"：这是一个心理学术语，指的是这个阶段的孩子具有了基于假设进行抽象思考的能力，而不需要直接参照现实情况，也就是说，孩子可以预判风险了。此时，他们的自尊和自信主要建立在与其他同龄人的关系上（这就不难理解为什么霸凌问题亟待解决）。

被同龄人排斥是他们的终极恐惧，可能会导致社交恐惧症（害怕与他人互动）、广场恐惧症（害怕处于人群密集的公共场所或空旷的地方）或惊恐障碍（在一个月或更长的时间里反复出现的急性焦虑发作，一想到下一次的发作还会惴惴不安）。

感受的重要性

在孩子的成长过程中，焦虑的表现会不断发展并变化。

> 焦虑来源于一个人的经历，尤其是
> 一个人对过去经历的感受。

⊖　也称恐学症，是一种较为严重的儿童心理疾病，表现出对上学的非理性的紧张和恐惧。——译者注

焦虑更容易出现在那些高度敏感、富有同理心、智商较高的孩子身上。他们总是非常关心周围的人，长大后很容易成为那个照顾别人的人。

可见，焦虑面前并非人人平等，每个人面对负面情绪时的敏感程度不同，有些人就是比其他人更容易陷入愤怒或抑郁的情绪中。

既然焦虑是一种基于对情境的反应而产生的主观感受，那么，焦虑究竟从何而来？

压力：进化的产物，旧石器时代的记忆

压力是一种反应机制。就像疼痛能提示我们身体某处出现了问题（最好去检查一下以防问题恶化），压力也会告诉我们：当前或即将发生的情况被我们的无意识 / 潜意识（可能是其中一种，也可能是两者同时）判定为潜在的麻烦。

尽管我们都希望摆脱这种让人不愉快和不舒服（我们姑且先对"压力"这么轻描淡写一番）的感受，但我们得承认，如果只是有点痒痒的感觉，谁会在意呢？说实话，没有人会在意，尤其当这只是一种暂时的痒痒！

因此，疼痛和压力形成了它们自己的标志：它们是痛苦的、不愉快的、持久的情绪。这些情绪虽然令人讨厌，但也能让人避免许多麻烦。你想，如果中耳炎不痛，我们可能直到耳朵聋了且不可恢复的时候才意识到它感染了，这显然是不可取的。同样的，登高时的恐惧也会让我们远离悬崖的边缘。

> **归根结底，压力是体现我们**
> **生存本能的反应机制。**

大自然知道，人类在进化的过程中总是倾向于效率最大化，尽量避免花费精力做无用功。所以大自然会选择让人类直面最大的问题，这并不是出于恶意，而是基于现实原则来向人类施加压力，这样才能激励我们去寻找解决办法。

你可能想说，我们的生存本能需要迭代。你说得没错！压力是我们对过去狩猎采集时代的记忆，那时，人类只不过是食物链中间的一环。那时，我们很脆弱！

我们智人经历了大约 20 万到 30 万年的进化（我们取中间值 25 万年），其中的 24 万年里我们都生活在一个充满劲敌的环境中，为了活下来不断挣扎。对于一种几乎赤裸且手无寸铁的生物来说，这段时间实在是太漫长了！在远古时代，我们并不想弄清楚那只追赶我们的大型哺乳动物到底是剑齿虎还是洞熊，此时的关键是如何逃命！也就是说，要么跑得快，要么爬得高，唯独不要思考。

人类需要一种与此相适应的机制。于是，我们进化出了"自动模式"，它在我们的身体内部运行，以便我们能够躲避危险。需要注意的是，要想跑得快，我们需要心脏跳得更快、呼吸更加急促、肌肉快速激活，身体一旦感知到危险就会立即启动这些功能。你看，这就是我们现在感到压力时身体产生的症状。

不过，心跳加速在短距离奔跑时是有用，但持续时间不能太长，因为心脏可不喜欢持续以每分钟 160 次的速度跳动太久。逃过了熊的追击固然不错，但如果一个小时后又因为心脏病突发而死，那就得不偿失了。

为了避免出现这种异常情况，大自然选择用一种化学信号来触发我们的"自动模式"。这种信号一旦进入血液循环就会立即被酶分解。真是个短命的家伙！

 酶是什么？

酶是一种蛋白质，其作用是加速人体内的化学反应。在这种情况下，一旦肾上腺素分泌出来了，酶就立即开始分解它，以避免其效果持续太久。

为什么要这样？就是为了让这种"自动模式"尽快结束。这意味着我们可以在短时间内重新控制我们的"自动模式"。当然也不是说10分钟过后我们就再也感觉不到压力了，而是说至少我们可以尝试重新控制并平复与压力相关的身体感觉。

除此之外，就像所有的好东西一样，"自动模式"也有缺陷。作为生活在21世纪的现代人，我们已经成功登上了食物链的顶端，但我们并不会感恩这种"自动模式"，因为即使现在已经没有老虎威胁着我们的安全，我们仍然会在某些情况下感到心跳加速、呼吸急促、肌肉紧绷。我们一致认为这种"警报"系统已经过时了。不过这里有一个坏消息，那就是大自然需要大约150年的时间才能做出一点点更新，所以当前这个1.0版本，我们可能还得继续用上几千年！

同时也有一个好消息，那就是通过了解"自动模式"的工作原理，我们可以使用一些心理工具来重新设置这个系统，从而减少焦虑带来的痛苦和持续的时间。我们将在第 3 章中详细讨论这一点。

如果焦虑有形状，那么它是波浪形的

我们常常能感受到焦虑的"造访"：比如在上学的路上，它一点点地增强，达到顶峰，之后再以同样的方式消退。这就像是一波浪潮，有开始，也有结束。

> 这个"波浪"的形状非常重要，
> 因为它能帮助我们意识到，
> 焦虑总会有一个"之后"，
> 也就是它逐渐消退的时候。

但是焦虑这种特点也带来了一个问题：它就像是大海里的波浪，我们无法阻止它。你会尝试张开双臂来阻挡海浪吗？当然不会，因为这是徒劳的，最终你还会被浪头拍倒。而且张开双臂会增加你受到的冲击力，一旦压力达到一定程度后，抵抗就只会加重疲惫，直接将你打倒！

焦虑就像波浪，如果与它正面交锋，你会被淹没，这时焦虑可能会转变为恐慌。一旦进入"自动模式"，你就丧失了主动权，再然后你会感到筋疲力尽，因为全部的心理能量储备都被耗尽了。

正因为如此，我们不应该与焦虑正面交锋。更何况，通常孩子只有在准备做点什么的时候才会面对压力，比如他要在数学课上做一个口头报告（为当众讲话而感到焦虑是很常见的），要去上学，或者要去面包店买一个牛角面包……即使完成这些事情也需要心理能量。

> **要时刻牢记：不要与焦虑正面交锋，**
> **要学会"与之共舞"。**

我们将在第 3 章中讨论如何"与波浪共舞"。这将帮助我们学会不与焦虑硬碰硬，从而保护我们宝贵的心理能量。我们需要这种能量来继续前进，比如做个报告什么的。那什么是心理能量呢？

什么是心理能量

心理能量是一种有限的资源，每天根据我们的健康状况、疲劳程度、睡眠质量、环境和社交互动的质量进行分配。

一种生命的能量

心理能量是让孩子有意愿、有计划地进行学习或者进行任何其他活动的能量来源，它不仅会影响思维能力，还会影响身体活动。

假设孩子每天有 10 点心理能量，当他的心理能量水平开始直线下降的时候，你就会看到他开始变得易怒、无法忍受挫折、发脾气……如果心理能量消耗殆尽，他可能会彻底崩溃。

可以说，心理能量就是
我们与生活共舞的能量。

负面强化与正面强化

但是生活并非总是一帆风顺的，每天都有新的冒险，有时是积极的，有时就会消极一些。这中间就会有一些事件让人产生最初的焦虑感。有时这种感受并不会被周围的人识别出来，甚至孩子自己可能也不知道发生了什么，只有大脑将这件事标记为消极事件，然后继续处理其他事情。

下次遇到类似情况时，大脑会重复之前的处理方式。如果再次得到不好的结果，就会形成对这一情境的负面强化。这意味着每次遇到类似情况，大脑都会因为预期会得到消极的结果而产生焦虑（至少大脑就是这么认为的）。

负面强化来自于孩子的信念：如果过去这件事每次发生都会导致灾难性的后果，那么下次同样的事再发生，情况也好不到哪里去。于是，孩子在紧张中推演即将发生的事，几乎消耗掉了所有可用的心理能量，以至于在面对让他害怕的情况时感到无能为力。然后，情况变得更糟了，这又进一步证实（如果有必要证实的话）他确实应该尽量躲开这种事。最后，负面强化导致了逃避行为。

逃避，顾名思义，就是孩子习惯于躲开他自觉或不自觉地认为有问题的情况的一种行为模式。然后，逃避行为又助长了负面强化。

如果我躲开了这种消极的情况，就不会发生任何坏事。所以，我躲开它是对的。

这是一个恶性循环！尽管如此，强化的机制还是很有趣的，因为它可以向正反两个方向发展，既有负面强化，也有正面强化。我们将在第3章中努力改变强化作用的方向，使其变成正面强化。

焦虑从何而来

我们来这样理解吧：假设每天分配给每个人的心理能量相当于10，因此孩子每天有10点心理能量可以用来应对一天中发生的事。我们可以把这比作一个10升的水桶，在一天中不断地被装满和清空。在理想情况下，每天早晨醒来时我们的焦虑水平为0，此时水桶是空的，我们的心理能量达到最大值10。

为了让事情变得简单，我们可以设想焦虑会占据心理能量的空间。在水桶模型中，加入的水（也就是焦虑）越多，桶里可用的心理能量（也就是空气）就越少，这是简单的物理原理。

让我们用普通的一天来举例，通常在这一天里会有三次焦虑高峰，到了晚上则恢复正常。孩子经历的第一个焦虑高峰，我们给它打4分

（满分 10 分）。这个分值意味着这件事需要一些努力，但完全可以应付得来。

孩子可以吸收并快速释放带来第一个焦虑高峰的这件事的压力，然后继续当天的日常生活。

然而，我们都知道，我们并不是生活在世外桃源。桶底的那条从零开始的曲线是不存在的。我们总是在桶里已经有水的情况下，从一个更高的水位开始新的一天。有时桶里已经三分满或者五分满，甚至七分满！说实话，我们并没有太多的余地来应付这一天中的水位波动。

比如说给爷爷奶奶背诵诗歌。因为不是对着爸爸妈妈，所以我有点紧张，但我知道爷爷奶奶人很好。不管怎么样，反正他们是不会骂我的。

而那个刚才达到 4 分（满分 10 分）的焦虑高峰，在现实生活中，实际上已经达到了 8 分（是啊，如果初始水平是 4 分，再加上背诗带来的 4 分，就等于 8 分了）。这就危险了！

如果我们初始的焦虑水平更高（开始时桶里的水更多），比如 6 分（满分 10 分），那么加上背诗带来的焦虑，结果就会接近 10 分（6 分 +4 分 =10 分）。到了 10 分会发生什么呢？水溢出来了，这时孩子可能就会焦虑发作、情绪崩溃、彻底逃避。

  在这种情况下，很多父母都会有这样的反应："怎么这么点儿小事孩子就急了呢？在爷爷奶奶面前背诗也不是什么大事啊！"这是新手常犯的错误：想不明白为什么这种小事会给孩子带来这么大的压力。事实上，你要关注的不应该是事情的大小，也不是水从桶的什么地方溢出来，而是应该分析为什么桶里的水会溢出来。

  当桶里装满了水，焦虑就很容易爆发，这都是有迹可循的。你可能已经注意到了，当孩子在度假、过周末等远离压力的环境中时，就会放松得多：不用做时间管理，不用一大早就起床，不用背诗，家里没有争

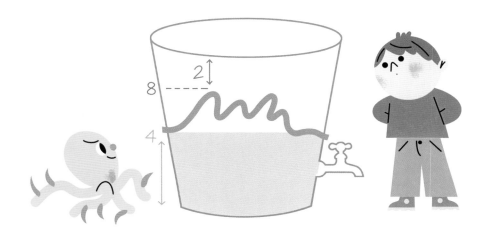

吖，也不用做考前复习……请注意，对孩子来说是这样，对父母来说也是如此！

　　我们可以得出这样的结论：当孩子疲惫不堪时，尤其是在紧张时期，他们的焦虑就很容易爆发。所谓紧张时期，就是桶里已经有不少水了。这些水不仅会使曲线升高，还会影响曲线本身。当总体压力水平较高时（水桶几乎满了），同样的事件会产生更高、更广的波动，因为焦虑占据了更多的心理空间，而能用来处理这些焦虑的心理能量太少了。

> 这种长期积累的压力是产生焦虑的根源。
> 如果你想有效降低孩子的压力水平，
> 就必须关注和管理这些长期的压力源。

　　我们现在可以提出一个合理的问题了：焦虑产生的根源是什么？

焦虑的根源

焦虑的根源是什么

焦虑产生的根源是生活中各种压力的累积。事实上，水桶里的水不是单一元素，它更像是一张千层饼。这听起来可能有点让人头疼，但请放心，这实际上是个好消息！因为这样我们就有机会通过改变每一层的制约因素来减少它们对孩子日常生活的影响。

为此，我们需要逐层剖析这些压力的来源（换句话说，就是千层饼的每一层）。

第一层就是人类的局限性。的确，我们作为人类，每天晚上都要睡觉（小孩子尤其需要更多的睡眠），每天都要吃上几顿饭、喝很多水，还需要呼吸氧气……但作为人类，我们也享有一定的灵活性，这就是我们拥有自由的空间！这个空间可是相当广阔：我们想吃什么就吃什么，想什么时候睡就什么时候睡……

但问题来了：我们早已不再生活在旧石器时代，每天不再只是追赶兔子或者采摘浆果。因此，我们就又多了几个不同形状和大小的约束框架。如果把人类的局限、家庭的管束、学校的限制层层叠加，我们就会发现剩下的空间，也就是这三层框架叠加后的尚存的自由空间，已经被压缩得非常有限了。

这些层层叠加的束缚会逐渐缩小原本广阔的自由空间。如果压力的来源是你主动选择的，这还算好的。比如，你的孩子就是那种"别人家的孩子"，生活得非常充实，做的全都是自己喜欢的事，还能主动做计划，安排好自己想干的事……

自由的空间

限制

　　但是一般来说，8 岁的孩子可没有多少选择权，他没有选择家庭、选择居住地、选择学校的权利，也许偶尔在课外活动的时间上和交朋友上有一些选择，但往往也是很有限的。总之，如果孩子对"大事"几乎没有什么自主选择的余地，当这些"大事"变得令人窒息时，留给他的自由空间就非常有限了，因为桶里的水位已经非常高了！

　　此时，孩子尚且能够应付常规的事，也就是日常生活里的事务，但是已经没有能力应对突发事件了。在这种情况下，我们会看到孩子们发展出一些仪式（或其他应对策略）。这些仪式是孩子们用来重新获得对生活掌控感的一种迂回的方式。由于无法改变大的限制条件（他不能换个学校、换个哥哥或者换个房子），孩子就会将注意力转移到生活中的小事上，例如他吃早餐的方式，或者在回房间前跳个舞……

各种限制
叠加在一起

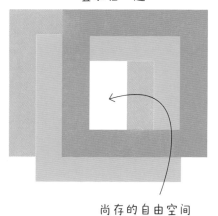

尚存的自由空间

所有这些限制条件，也就是环境对孩子焦虑的影响，正是我们要在第 2 章中展开讨论的。一旦识别出那些限制条件，我们的目标就是看看哪些可以被改变、被调整、被优化，从而让孩子获得多一点点的轻松和多一点点的心理空间。这将帮助孩子减少产生焦虑的根源，从而更好地应对生活中的焦虑高峰。

焦虑的形式有哪些

在描述成年人不同形式的焦虑时，我们往往会将急性焦虑（突然爆发并在短时间内完全消退的焦虑）与慢性焦虑（长期存在的焦虑）区分开来。但是这种分类方式在儿童身上就不适用了，因为儿童既有与其生长发育相关的焦虑（如分离焦虑），又有病理性的焦虑，还存在许多并发症（即多种问题同时出现），这些并发症会将焦虑转变成其他的病症：

▶ 心理性的（包括恐惧症、强迫症、抽动症等）；

▶ 情感性的（抑郁症）；

▶ 行为性的（愤怒、躁动、多动等）；

▶ 躯体性的，即与身体相关的表现（包括睡眠障碍、饮食障碍、身体疼痛等）。

总之，你会发现这有点复杂。这让我们再次认识到，焦虑是多种心理疾病的基础性问题。

焦虑的感受是多种多样的，焦虑在不同病症中都有所体现。

分离焦虑

说到儿童的焦虑，我们很容易想到分离焦虑。分离焦虑是指婴幼儿在与其依恋对象（父母或主要照顾者）分开时所感受到的压力。尽管分离焦虑是一种适应性的社会反应，但有时孩子的反应可能会过激，甚至表现出极端恐慌的程度，我们称之为焦虑型依恋。

是什么导致了焦虑型依恋？通常是一些分离事件或关系破裂。在孩子急切需要的时候，如果依恋对象不在场或者不能立即现身，孩子就会感受到极度的不安。

有些学者指出，童年时期形成的焦虑型依恋与日后发生学校恐惧症之间存在一定的关联。

急性焦虑

这里指的是惊恐大爆发，也就是当水从桶里溢出来的时刻！这种发作通常来得突然，难以预料，有时甚至没有明确的诱因。惊恐发作的持续时间相对较短，一般在半小时左右。但如果你身陷其中，就会觉得极其难熬！

孩子在这种情况下会感受到什么？基本上，没人喜欢这种感觉！他可能会感到强烈的不适，仿佛有迫在眉睫的危险，完全无法集中注意力，甚至会有人格解体的感觉。

 **人格解体是什么？**

人格解体是一种感到自己的意识与身体分离，仿佛成了自己生活的外部观察者的异常现象。

随之而来会出现身体上的表现：心跳加快、呼吸困难、出汗、颤抖、恶心……这些都是旧石器时代奔跑时的典型反应！

恐惧症

恐惧症是一种与现实情况不相符且不合理的焦虑。恐惧症的患者总是想要逃离引起恐惧的情境，比如学校恐惧症。

恐惧症其实相当常见，据统计，20% 的普通人群都受其影响。但是由于人们往往回避他们认为有麻烦的情境，恐惧症很容易被忽视。然而对于孩子来说，恐惧症的影响显然更大，也更明显。家长很难对孩子的学校恐惧症视而不见，蜘蛛恐惧症也一样（你在家里见过大号的蜘蛛吗？）……

恐惧症一般分为四类：

- 单纯恐惧症（害怕蜘蛛、幽闭的空间、深水等）；
- 广场恐惧症（害怕公共场所）；
- 社交恐惧症（害怕与人交往）；
- 疾病恐惧症（害怕血液和疾病）。

广泛性焦虑

广泛性焦虑是一种渗透到日常生活中并长期持续的焦虑状态。它往往是焦虑抑郁综合征的前兆。想要确诊广泛性焦虑，症状必须持续 6 个月以上，并且焦虑需要与以下 6 个症状中的至少 3 个相关联：

- 睡眠障碍；
- 肌肉紧张；

▶ 易怒;

▶ 易疲劳;

▶ 注意力和记忆力出现问题;

▶ 烦躁不安。

如果出现以上情况，建议你及时咨询儿童精神科医生。

强迫症

强迫症就像是高压锅的哨声（如果我们把水桶换成高压锅的话）。在孩子疲惫或焦虑时（例如在考试期间），强迫症状尤为常见。

强迫症是孩子头脑中突然迸发出的一种执念。强迫症有不同的表现形式，从简单的重复性行为到强迫性行为（必须要这么做，否则就会感到焦虑），强迫症可以表现为不断地检查或者重复某个动作。孩子认为如果不这么做就会发生灾难性的后果。例如，孩子会在睡前去妹妹的房间查看 6 次，当他打开门检查时，会发出嘎吱嘎吱的响声，结果吵醒了妹妹。然后，孩子就会被父母训斥："你每晚在妹妹睡觉时去她的房间里干什么？我们花了一个小时才把她哄睡着！"接下来，父母通常会禁止他再进入妹妹的房间，而这又让孩子难以执行，因为他觉得如果他不去检查，就会发生可怕的事——至少他是这么认为的。这可能会导致家庭关系的紧张。

于是，孩子陷入了两难的境地：要么听从父母的要求，强忍着因为无法完成这个"规定动作"而带来的焦虑或恐惧；要么反过来，偷偷进到妹妹的房间以缓解焦虑，但是会被责骂……无论怎么做，这在孩子看来都是问题。这就是心理问题的双重负担：不仅自己过得痛苦，还需要承担周围的人因为无法理解而对自己施加的压力。

抽动症

抽动是肢体某一部位的一种反复性的异常收缩运动，如眨眼、耸鼻等。你越是关注它，它出现得越频繁。家长要避免对此表现出不屑的态度，更不要责备孩子，这都只会加剧抽动。这些症状会自行消失吗？很可能会（在绝大多数情况下），但不能保证一定会。

焦虑抑郁综合征

如果放任焦虑发展下去而不进行干预，最终很可能会引发抑郁症。当焦虑变得持久，它就会明显干扰到孩子的日常生活，从而导致抑郁症。抑郁和焦虑的关系就像鸡和蛋，其中一个会产生另一个，最终两者往往同时存在。

焦虑抑郁综合征是抑郁（比如情绪低落、做事没有动力、感觉不到乐趣……）和焦虑的混合体。在这种情况下，不要犹豫，请立即寻求专业人士的帮助！

> **焦虑不是脆弱，需要被认真对待！**
>
> 根据世界卫生组织的统计数据显示，全世界有 2.8 亿人患有抑郁症，3.01 亿人患有焦虑症。总的来看，每 8 个人就有 1 个人有相关的心理障碍。这不是个小数目，但在社会上很少被公开讨论，甚至根本不被提及。这使得受此影响的人更觉得自己只能在孤立无援中独自对抗这些心理障碍。

创伤后应激障碍

创伤后应激障碍（缩写为 PTSD）的诊断依据是严重创伤事件和临床潜伏期的结合。这意味着在事件发生后的几天或几周内，孩子可能看起来挺正常的，而随后会突然情绪崩溃。特别细心的家长可能还会注意到孩子忽然开始回避社交，抑或与之相反，表现为极度兴奋或快乐（总之，就是不合逻辑），最后则出现重复综合征，这是创伤后应激障碍的特征性病症（也可以简单粗暴地理解为创伤后应激障碍的标志性症状）。

创伤后应激障碍的表现包括做噩梦或惯性化思维，这会带来强烈的情绪反应（严重的焦虑，出汗……），此时孩子正在脑海中重播创伤事件发生时的那一幕，同时还会出现对外界刺激过度反应、容易受到惊吓、易怒、睡眠障碍等问题。

同样，这种情况必须立刻就医。

这些不同形式的焦虑有什么共同点？那就是我们会体验到非常强烈的身体反应。

了解并预见这些身体反应出现的节奏，就像提前看到了乐谱，能够帮助我们重拾信心，渡过难关，更好地生活。慢慢地，通过一次又一次的经验积累，我们就能减少焦虑带来的痛苦，缩短症状持续的时间。这就是我们整个练习的意义所在。我们将在第 3 章中讨论具体的做法。

在孩子诊断为焦虑之前还需要考虑什么

如果孩子出现任何身体上的不适，应该先由全科医生或儿科医生进行检查，只有在排除了可能的身体疾病的原因后，才能归因于焦虑。

诊断是指什么？

　　精神病学中的诊断是一种排除性诊断。也就是说，只有在排除了所有其他可能的原因后，才能毫无疑问地确认："这就是心理问题！"

　　为什么呢？当我们一上来就认定"这是心理问题"而不去关注身体上的问题时，如果身体上真的存在病变，它就会继续恶化。就像所有的坏事一样，被忽视的病因一直存在，情况就会越来越糟糕。这可不是什么好事！

　　那么，疼痛还可能是什么原因导致的？这就需要全科医生或儿科医生来诊断了。不过，我要特别提醒那些总说肚子疼的年轻女孩：在将其归咎于压力之前，要认真考虑子宫内膜异位的可能性。女性的腹痛症状很少被诊断为子宫内膜异位，因为人们普遍认为"女性肚子疼也是正常的"。但实际上，女性即使在生理期也不会毫无缘由地肚子疼。疼痛是一种信号，如果没有问题，身体不会发出这种信号。

　　此外，尽管我们在这本书中主要讨论的是儿童的焦虑问题——这个问题的确非常重要，不容忽视——但是你应该知道，如果你是女性，在急诊时主诉是胸口疼痛，你很可能会被告知这是焦虑发作，因为这是医护人员对这种情况的第一反应；而如果你是男性，他们会想，这可能是"心脏病发作"。

　　这样做的结果就是，在 2023 年的法国，女性因心脏病发作而死亡的概率高于男性。这并不是因为女性的心脏更脆弱，而是因为医学界仍然存在性别偏见。因此，如果有一天你自己或你周围的女性出现剧烈的胸口疼痛，这当然有可能是由焦虑引起的。但是，与其做一次概率上的豪赌，不如向医生申请做一个心电图检查，以确保不是心脏引起的问题。

焦虑能治好吗

正如焦虑有不同的形式，治疗焦虑的方法也多种多样。

> 焦虑并非无药可救：
> 我们可以摆脱它，或者至少，
> 我们可以降低它的强度和频率。

心理工具

在第 3 章中，我们将介绍应对焦虑的不同方法。主要是一些简单易用的心理工具和认知行为疗法的技巧，目的是帮助孩子熟悉自己在焦虑时的感受，从而逐渐恢复对情绪的控制。请注意，这些方法不是什么魔法，实际上它们是多种有效工具的集合，可以帮助孩子消除负面情绪。通过对不同工具的探索，你和孩子可以选择最适合自己的方法。

但是，当焦虑水平过高并引发行为上的重大变化时，再用这些工具可能收效甚微，作用太弱或者起效太慢。这可能会打击孩子的自尊，让他对自己失去信心，对自己改变现状的能力失去信心。在这种时候，不妨考虑药物治疗。我知道这听起来挺吓人的，很多父母对此心存疑虑，还有一些治疗手册也不建议给 18 岁以下的人群用药，但如果非要等到孩子成年以后才开始进行干预，就一定是个好主意吗？

家长们要记住，从现在到孩子 18 岁之前的这些年，正是他塑造个性、建立自我评价、发展社会关系的关键时期。孩子也会根据这几年的经历来展望自己成年后的生活。如果这时他被困在焦虑抑郁的"此时此地"，处于广泛性焦虑的自卑中，他该怎么办呢？

人的心理就像一块海绵。如果孩子的病情已经得到确诊且需要治疗，只是因为相应的药物说明建议用于 18 岁以上的人群，而不让孩子接受治疗的话，病情可能会扎根，而且以后也会变得更难治愈。

当孩子学习使用认知行为疗法或其他疗法来应对焦虑时，我们对他的要求就有点像跳高。没有人会让身高 1.32 米的孩子从 2.15 米的高度开始跳！药物治疗的作用就是将横杆降到孩子的高度，使他能够更容易地面对挑战。

是否需要引入药物治疗，这是个棘手的问题，但是别担心，你不是一个人在战斗。儿童精神科医生会评估孩子是否需要治疗，并回答你在这方面的所有疑问。

咨询儿童精神科医生

儿童精神科医生是专门治疗儿童和青少年心理问题的医生。遗憾的是，由于这一领域的专业人员还相当稀缺，想要在家门口找到这类医生并不容易，一般取决于你的居住地。不过你可以先向你的全科医生或儿科医生咨询，看他们是否有儿童精神科医生的联系方式（他们通常是有的）。你也可以在网上搜索或通过应用程序在线上进行预约咨询。

现在有多种类型的药物可供选择。

抗焦虑药

治疗急性焦虑的药物被称为抗焦虑药，立等见效，而且相当管用。这类药物可以降低压力的强度和持续的时间，但它并不能解决根本问题，因为它只能治标，不能治本。也就是说，它会平息焦虑的浪潮，但不会消除导致焦虑的原因。这有点像腿折了的时候吃止疼片：它可以缓解疼痛，但不能修复骨折。因此，这并不是一种从根本上解决问题的方案。

另外，如果过度使用，这些药物有可能让人产生依赖性。不过说实话，药物依赖在儿童或青少年身上很少出现，因为一来这类药物的处方开具受到了非常严格的监督，二来父母也会谨慎地给孩子服用药物，这大大降低了滥用的风险。

抗焦虑药的另一个潜在问题是存在失效的风险（当一片药已不足以缓解焦虑时，就必须逐步增加剂量）。而且，和所有药物一样，抗焦虑药也有一个使用的最大剂量，决不能超过这个剂量服药。所以，最好不要在 18 岁之前就到达用药的上限！

β 受体阻滞剂

从严格意义上说，β 受体阻滞剂不是精神类药物，但可以代替抗焦虑药，因为它能消除焦虑带来的一种生理症状：心跳加速。这种药没有成瘾风险，而且在许多人身上效果显著。它是抗焦虑药的一种很好的替代方案。

抗抑郁药

这类药物可以作为慢性抗焦虑药使用，它能够作用于导致焦虑的根本原因上。还用那个腿折了的例子来打比方，抗抑郁药就像是给骨折的地方打上石膏。正如我们前面所说的，长期的焦虑往往会给生活带来痛苦，从而导致抑郁。抗抑郁药能够从根本上缓解焦虑，通过长期作用，帮助患者恢复心理健康。

抗抑郁药有很多种，其中一些尤其适用于儿童和青少年对抗广泛性焦虑。如果需要的话，你的儿童精神科医生会给你做详细解释。

抗抑郁药也有个问题，就是它需要过一段时间才能起效：通常要2~4周（真的就像打石膏一样）。这个过程比较长，而在等着药起效的时间里，我们还需要帮助孩子减轻心理上的痛苦。

在实际治疗中，医生通常会将抗焦虑药与抗抑郁药结合使用。尽管抗抑郁药需要几周的时间才能起效，但是抗焦虑药能快速缓解症状。另外，抗抑郁药是医生根据孩子的具体情况和症状来进行选择的，但不能保证治疗一定有效。如果孩子对某种药物没有反应，2~3个月后可能就需要更换抗抑郁药。遗憾的是，即使到了21世纪初，医学仍然无法准确预测这种情况。如果经过一段时间的治疗后需要改变治疗方案，请不要担心，这并不意味着孩子的情况无药可救，也不代表他会终生焦虑，只是他的受体可能对之前选择的药物不敏感。

从孩子的视角看焦虑

▶致读者

　　我们决定在本书中多使用"我"的视角，让焦虑的孩子通过第一人称来表达自己的想法，让他们尽可能地用自己的语言更好地描述自己的感受，以便能被家长更充分地理解。

如果孩子能够表达自己的感受

　　我无法在黑暗中入睡，这对我来说太难了。我会想象极其可怕的情景，我会注意到极其轻微的声音（大家都说我"过度警觉"），最后，很晚很晚，我才能在筋疲力尽中入睡……可能这也影响了你们休息，亲爱的爸爸妈妈，对不起！我不是故意的。但

　　该怎么表达焦虑的感受呢？我感觉脑子被卡住了，总是无法说清楚或者不能用言语表达。这是一种看不见的阻碍，让我没办法去做我想做的事。

对我来说，在黑暗中入睡，就像让你们在高速路中间睡觉一样。你们可能会说："这可不行！"是的，我也这么觉得，所以我不愿意在黑暗中睡觉，"这可不行！"

众所周知，想睡个好觉，必须要有安全感。而在黑暗中……我感觉不到安全。

有时，为了不让我讨厌的事情发生，我必须做一些特定的仪式或特殊的事情，包括但不限于憋气 10 秒钟，不要踩到木地板的接缝，在心里默默数到 21，或者连续做 6 次祷告……这就是所谓的强迫症，一种强迫性障碍。

我无法停止这样的行为，否则我那些魔法思维就会成真。魔法思维就是，我相信如果我不完成特定的仪式，就会出现灾难性的结果。

我有自己的魔法思维，每个孩子都有自己的魔法思维。我们的共同点是，绝对不能让这些想法成真，否则绝对会大难临头。我们想到的可能会是父母去世，当然也可能是家里的其他人，反正都是我们最爱的人。这也是为什么我不能冒险让我的魔法思维成真。只要能避免这种情况，我在上楼的时候憋气 10 秒钟的代价是微不足道的。

有时候，每过一段时间，我的强迫症就来折磨我。它占据了我太多的时间和精力，我开始感到厌烦。可能有人觉得这是个好消息，因为这会帮助我抵消强迫症带来的焦虑。这话没错！这一次，懒惰确实让我想停止强迫行为！但另一方面，如果我的生活正处在一个重大压力期，同时又没有坚强的后盾给我支持（比如朋友、家人、我喜爱的课外活动），我可能就会精神崩溃。对这个强加给我的两难选择，我感到无助和绝望："究竟要选哪个？是在厌倦之后为了自己而停止强迫行为，还是为了保全我爱的人而继续强迫行为？"这是个无从选择的难题！

因此，要终结强迫症，就必须停止魔法思维。这是一场大冒险，实在是太让人内疚了，我可不敢轻易尝试。

当焦虑太过强烈并转化为恐慌发作时，我能感受到身体的变化：心跳加快、呼吸急促、下颚紧绷、面颊发烫、舌头发麻……

一旦恐慌发作，一切都变得复杂起来。我知道我应该上学，"这对我的前途很重要"，但焦虑打败了一切，它让我寸步难行，无法展望未来。这就像是用放大镜看未来一样：我看不清周围的一切，只能看到被放大的焦虑。

当焦虑太过强烈且泛滥时，我就对以前喜欢的事情失去了兴趣。我以前非常喜欢打网球，但是现在不想再打了。我也不再想和瑞恩一起玩了，不再想看漫画了。我仍然喜欢看动画片，因为它让我不用思考，不去想自己的状态。我感觉自己完全空虚了，我的内心空无一物，只剩下这份恐惧。

我的身体也会出现反应，这意味着焦虑会转化为身体上的疼痛，一般是胃痛或恶心，但也可能是具体部位的疼痛，比如手腕疼或者腿疼。

当我无法用语言表达或者无法缓解自己感受到的压力时，身体上的反应就会出现。直到我明白自己是为什么而焦虑时，疼痛才能停止。但在此之前，我感到非常痛苦，不得不忍受疼痛，失去自信，对未来失去信心，甚至是对未来完全绝望。说实话，谁想要一个充满痛苦的未来呢？没有谁，我也不愿意。

> 我不想陷入更严重的抑郁状态，我也想摆脱随之而来的自杀念头（有时我会想到自杀，不是真的想死，只是想让这一切赶快结束），我真的需要你们找出缓解这些痛苦的办法。

语言表述的重要性

有时候，别人说我懒惰或者乱发脾气。说实话，我倒希望事情能有这么简单，那样我就知道怎么做才能摆脱它了。我知道有些孩子确实是懒惰并且在乱发脾气，而我不是这种情况。但问题是，那些懒惰的孩子和饱受痛苦的我，说的都是一样的话和一样的理由："我不想去，我累了。"现在当我向你们解释这些的时候，

除了"我害怕"或者"我不能"，我甚至
常常不知道还可以用什么来描述这种焦虑，
结果就是，没有人理解我。

我能明白你们很难分辨这二者的区别。但在当时，我并不理解你们的困惑。

> 再次强调，这就是心理问题的双重负担：
> 我在受苦，而我的周围人却无法理解我。

如果我强行要求自己直面害怕的事情，常常会导致不好的结果，这又进一步增强了我对这些事情的恐惧，于是形成了负面强化，反而加重了我的焦虑。我很可能会（无意识地）选择逃避，最终引发恐惧症，这对我没有任何帮助，反而会使情况更糟。

所以请记住，我只盼望一件事：那就是能够摆脱这些焦虑和恐惧。

从家长的视角看焦虑

从家长的角度看，如果你有一个焦虑的孩子，事情是加倍复杂的。第一重的复杂在于，一个焦虑的孩子本身就是一个复杂的孩子；而另一重的复杂则在于，除非孩子的焦虑来自于你的遗传，否则你很有可能面对焦虑无从下手。

不要把"我不能"和"我不想"混为一谈

作为父母，你能对孩子的魔法思维感同身受吗？很不幸，答案是不能。再加上语言表述带来的障碍，你还很容易误解孩子，尤其是把孩子的"我不能"误以为是"我不想"，这是父母在面对孩子的恐慌发作时犯下的最大的错误之一。这带来的结果就是家长会采取强制措施来要求孩子，也就是说，你会强迫孩子去上学、去上柔道课、去做其他事……而这样做很可能会让情况恶化。

这种误解不仅让孩子身处困境，也会让你产生一种挫败感。显然所有的父母都不想有如此这般的经历。你感到难过，还会内疚，感觉自己无能为力。不过好消息是，"无能为力"是一种错误的观念！

行动的力量

你是可以帮助孩子缓解焦虑的！这并不是因为孩子的焦虑是你的过

错（虐待儿童的父母除外，这又是另一个话题了），而是因为你有责任和能力。你可以通过预防性的措施来帮助孩子有效对抗焦虑。你可以试着改变那些给孩子带来压力和焦虑的情境。例如，如果孩子因为经常迟到而感到焦虑，那就尽量避免这种情况发生，哪怕是早起15分钟！是的，你自己首先要早点起床，然后你焦虑的孩子很可能也会更早地做好出发的准备。

我们可以看出，一个焦虑的孩子对他周围的环境和周围的人是格外敏感的。从某种程度上说，这是件好事，将来可能会成为他的一项优势——前提是他能够控制好这种敏感性，避免它不受控制地转化为焦虑甚至恐惧。

因此，父母可以首先去识别孩子的敏感特征。什么是敏感的孩子？就是一个关心他人、注意细节的孩子。我必须强调，敏感并没有任何问题。

我富有同理心，这是件好事。请不要破坏我的这种品质。

　　一个焦虑的孩子，也可能是一个追求完美的孩子：不会兴风作浪，能够管理好自己，很少要求别人的关注，努力满足父母的期望，以此作为弥补或者补偿。那他到底要弥补或者补偿什么呢？这是个好问题……

　　有可能是孩子认为自己犯了某种错误（事实并非如此），也有可能他认为自己应该对家庭成员和前几代人履行某种义务（如果家里有一个生病的兄弟姐妹，孩子就会觉得自己必须付出关爱），这些责任都会压到孩子的肩上，而这种行为往往是无意识的。

　　为了帮助孩子应对焦虑，我们将在下一章探讨孩子周围的环境以及环境给孩子所带来的压力。让我们开始吧！

负面新闻
校园霸凌

自然灾害

气候变迁

家庭争吵

第 2 章
影响焦虑
的因素

为什么要分析孩子所处的环境呢？他们有美好的生活，他们不必面对社会上的各种矛盾，除了早上在书包里放好笔记本，他们几乎不承担任何家务。总之，没有什么事能把他们逼疯，这个年龄没有理由感到压力啊！

然而，在一个 1.32 米的孩子看来，生活并不像看上去那么容易，原因很简单，因为作为一个孩子，他几乎没有选择权。也许他可以选择晚餐后的甜点，也许他可以选择一些课外活动，但，也就仅此而已了。

当孩子感受到的焦虑已经很严重，甚至压得他喘不过气，他很容易产生无力感，仿佛走进了死胡同。这种"被迫负担"的感觉（"我无法选择任何事情"）会激起孩子对自主和独立的渴望。从某种程度上说，这是一件好事（这会让他在某个时候考虑离开父母的庇护，变得独立）。但这也需要父母的努力，有时父母要设身处地地为孩子着想：我的孩子正过着怎样的生活？

为了让对话更容易开展，你可以间接而巧妙地提出这个问题。

如果你有一根魔法棒，能改变你想改变的一切——在家里、在学校、在世界上的任何事情，你会改变生活中的什么？

把问题投射到一个不可能的情境下，这就突破了客观现实的束缚，假设自己在一个想象的世界中，忽略我们所处的真实环境。下一步的关键是如何填补愿望与现实之间的差距。通常，有许多事情是可以实现的，而不一定需要魔法棒。

> 好消息是：我们可以改变现状！
> 这是一个重要的信息，
> 不仅要告诉你的孩子，
> 家长自己也要牢记！

在探索孩子所处环境中的各种限制因素时，我们所得到的答案或线索不仅能帮助我们找到方向，更重要的是，这为我们提供了一个很好的反思锚点。如果没有这些线索，有时家长会不知道去哪里寻求解决方案来改善现状。你的孩子可能经常感到焦虑，却不知道导致焦虑的真正原因。这时，我们就可以利用这类"魔法棒"问题来探索：到底是什么约束和限制了孩子？

除此之外，一旦关注到环境，我们就可以获得一个理性的答案。理性是很有用的，它将问题锚定在现实中，也就意味着问题是可能被解决的……至少我们是这样认为的。

孩子的焦虑一定是有缘由的，这样我就能为此做点什么了。

当然，这么想也没错，只是现实并非总是如此。焦虑的来源就是一个大杂烩，各种因素都能找到一点，却又无法确定到底是什么。

焦虑是一种感受，通常我们能够理解它是因人而异的。这样想没错，但是我们还要看到，焦虑也是孩子对周围环境敏感的一种表现。所以家长要学会解读孩子周围的世界，以及识别不同的焦虑来源，这非常重要。

有些焦虑的来源是显而易见的（例如被关进小黑屋），而有些则不那么明显，甚至几乎难以察觉（例如担心被抛弃）。这正是本章的目的：像打开俄罗斯套娃一样，我们要一层一层地探索孩子的世界，找出潜在的压力来源。

不过，在一层一层打开俄罗斯套娃前，让我们先来看一个关键概念：时间！

时间带来的焦虑

时间是多面向的，它以不同的形式存在，对我们有明显的制约。作为成年人，我们对"时间"可太熟悉了。

焦虑的来源

当今社会已经把时间视为一种教条，一种共同的参照系，一种交流的工具。但是，孩子对时间的理解与大人不同。大人用"小时"和"分钟"来衡量时间，而孩子则更多地用"活动"来计量时间。

当你在楼下大喊："快点，你要迟到了！"实际上，你正在把孩子与现实分开。

因为你会采取一系列措施，确保孩子永远不会迟到：帮他穿好衣服，帮他整理好书包，帮他系上鞋带……以至于到最后，这个孩子就从来没有迟到过！那么，对于一个从未经历过迟到的孩子来说，他怎么能理解迟到会有什么真实的后果呢？你的所作所为隐匿了"时间"这个概念，孩子没有机会理解"时间"，但他还不得不面对"时间"的问题。

家长一直说"快点"，可能会导致两种结果：

▶ 家长会感到压力，情绪紧张。

▶ 孩子也会感到压力，但他不一定会因此而加快速度。

如果想改善这种情况，你可以把闹钟调早 15 分钟，或者在前一天晚上准备好所有的东西；在厨房多放一把牙刷，这样孩子就不用非得到卫生间去刷牙。总之，消除一切会让孩子磨蹭的可能（比如床上的儿童杂志、走廊里的玩具……）。

时间也是焦虑的一种来源。如果孩子的焦虑主要因为上学，那周日晚上或周一早晨可能会让他很煎熬。在这种情况下，当然要先解决学校的问题，但家长还可以通过搞点小活动来减轻孩子在新一周开始时的负面情绪。的确，星期一是新一周的开始，也是回学校上课的日子，家长可以设法让这一天成为孩子最喜欢的活动日（比如，安排运动、戏剧、音乐、蹦床等活动）。

如果上面的方法不可行，你也可以做一些更简单的事情：例如，把每周一的晚上作为孩子喜爱的外卖晚餐日！反正就是搞一场有趣的家庭活动，可以是馅饼之夜、桌游之夜……只要你想得到也做得到就行，重要的是让一周的开始具有吸引力。改变我们能改变的，这样就可以调节孩子的情绪。我们能改变周一早上要上学的现实吗？不能，但我们可以努力改善孩子在这一天的体验，让周一上学这件事变得更轻松。如果家长能在天平的另一端增加一些积极的东西，那么孩子将拥有更大的心理空间来面对周一的早上。

慢慢来

如果要控制焦虑，时间是一个关键概念，因为它是焦虑的内在因素。管理焦虑，这可是需要时间的！没有任何神奇的或者简单的办法可以有立竿见影的效果。

> 要想改变行为，
> 要想消除沉积多年的心理模式，
> 这些都需要时间！

你可能会说："我当然知道呀，改变是需要时间的。"但你是不是真的能做到不对孩子抱有过高或过于急迫的期待，这才是关键。否则，这只会徒增孩子的压力。

照顾孩子的心理就像养一株植物，需要你的耐心和善意，它才能长得好。行为的改变是一个长期的过程，因为这意味着要改变心理编码。这就好比你要用砍刀在原始森林中开辟出一条新路，而旁边就有一条现成的架好了路灯的高速公路。孩子的心理总会本能地选择走高速公路，因为要走出一条新路会更费力气。

改变的第一天肯定是艰难的：孩子可能会被树枝划伤，感觉困难重重，而且毫无乐趣。但是随着一天天过去，狭窄的小路会越来越宽，越来越好走。这是一个持续努力的过程，直到原来那条高速公路逐渐被植被覆盖。加油哦！在原始森林中，这一切会发生得很快！或者说，比较快吧……所以，别指望下星期情况就会改善，变化没准会在几个月之后才发生。

从儿童到青少年的转变

孩子自己也是焦虑的来源。自我认知对自信和自尊至关重要，而青春期正是性格和身体发展、变化的时期，这必然会在各个方面产生强烈的影响。这体现在一个人的两方面：个性的层面和纯粹的身体层面。无论哪一个方面都不容易读懂和理解，并且每一个都可能成为焦虑的主要来源。

通常孩子在 8 岁之前可能都不太关心自己的外表和"默默无闻"的身体。他可能会关注自己的衣着，比如超级喜欢那件黑色的哈利·波特毛衣，或者打死也不穿那件黄灰色格子的衬衫……但他总是乐于接受镜子中的自己，不会有太多疑虑（当然也会有少数例外情况）。此外，随着社会和家庭的演变，孩子常常被置于关注的焦点，这也助长了他们与生俱来的自恋倾向。

只有在被他人审视时，通过那些被精修过的图片与别人对比后，孩子才会将批判的目光投向自己。

大家就是爱我本来的样子。

我太矮了，我的朋友都比我
高。我不喜欢我的耳朵，我
的脚趾太难看了，我太胖
了……

随着青春期的到来，孩子的焦点转向了身体，这是青少年多数心理冲突的中心。身体的变化，性激素的产生，这些都会让孩子重新认知自己的身体。

青春期的孩子就是一个围绕身体变化的矛盾体：在生理方面（体重、身高、初潮年龄、体毛等），个体间的差异是非常大的，而孩子想要和其他所有人一样的想法却又特别强烈。孩子会时常质疑这些事情的"正常性"，他人的目光变得越来越重要。

一方面他们的身体看起来还是与成年人有明显不同，另一方面他们也在努力融入同龄人的群体（比如通过改变发型、着装风格、穿一些让父母感觉不适的衣服……）。此外，青春期的孩子会率先在身体上反映出他们遇到的困难：身体上的不适、自残行为、饮食行为障碍、体象障碍……

我们可以改变孩子所处环境里的很多东西，但身体是伴随他们一生的载体，是他们体验生活、旅行、结交新朋友、学习新文化、实现心中梦想的工具。因此，不仅是青春期，人的整个一生都需要爱护身体，善待自己。

 体象障碍是什么？

体象障碍是一种对自身形象想象的或非常轻微的缺陷产生的强迫性思维，以至于无法区分感觉和现实。例如，有的孩子觉得自己实在太胖了，而实际上他可能比这个年龄的参考体重还轻 10 公斤。好在这种情况并不常见。作为家长，重要的是观察孩子在青春期到来前和青春期这段时间对身体变化的反应。

作为家长，当我们意识到孩子的身体变化是个敏感话题时，就要注意避免对孩子的身体进行不假思考的评判。比如："你可别再吃蛋糕了，你都已经胖成这样了！"这种话显然不应该说。同样，当你发现女儿的胸部发育了或者长出体毛了，如果要说这个话题，请以亲切友善的方式，千万别在全家一起吃晚饭的时候拿出来公然讨论。

如果可能的话，我们应该提前和孩子聊聊青春期的变化，这样当变化发生的时候，孩子就能够识别并理解。在遇到问题时，他们会想到找父母聊聊。可以百分之百确定，他们内心肯定会冒出很多问题！关键是要让孩子把你当作求助的对象。如果家长不被视为求助对象，孩子就会通过其他渠道搜寻信息，而这些信息的来源就不一定可靠了。你愿意让隔壁瑞恩的哥哥来回答孩子的问题吗？大概率你不愿意（尽管瑞恩和他哥哥都是好人）。上网找答案？最好还是别了。

> 要记住，身体已经成为
> 人与人建立联系的工具，
> 身体是青少年无尽焦虑的来源。
> 因此，我们必须对这个问题进行讨论。

关乎个性发展的心理层面同样是个棘手问题。青春期是孩子告别天真无邪的童年，进入成年人的美好世界（实际上，也并不那么美好）的关键时期。学校里的恶言恶语、不想让周围人对自己失望的压力、在家庭或班级中找到自己位置的压力，都是这个年龄的孩子不得不面对的新情况。

这是一个自我构建的时期，孩子的人格将成为他的人生地基，可能对未来几十年产生影响：自信心、与他人的关系、同理心、敏感性等。

青春期的孩子可能觉得自己正在"书写成年前的最后一章"，但这段时光仍旧是他们"人生的草稿"，他们会在此基础上继续书写未来。青少年时期并不是钢板一块，它就像一部手稿，会随着成年后的情感经历不断重新浮现。换句话说：孩子在青春期的经历必然会影响他今后的生活，尽管这种影响未必总是有意识的，但影响是肯定存在的。

归根结底，青春期是一个变化、动荡的时期。在这一阶段，孩子会增进对自己和周围人的认知：在困难时刻依靠朋友，意识到自己经历了许多考验和艰难时刻，发现时间有时能帮助我们，学会相互信任，等等。

在这一时期，有时会出现一些颠覆性的问题：性别认同或性取向。

青少年中的性别和性取向多元群体更容易出现与焦虑和抑郁相关的心理问题。这并不是由他们的性取向或性别认同所导致的，而是因为他们必须面对来自家庭和周围环境的敌意和歧视。这种敌意和歧视会让他们陷入一种几乎无法解决的身份认同困境，因为他们需要在自我和未来之间做出选择。这种选择会增加他们的心理压力，加剧他们本已受到的社会压力。

即使这些孩子在家庭中能被理解，社会上和学校里潜在的（也可能是公开的）对他们的偏见还是会限制他们真实做自己的可能性。面对社会可能带来的刁难，父母必须承担"避风港"的角色，以友善和谨慎的态度对待青少年的性别认同和性取向问题。如果家长屈服于所谓的"公序良俗"而不顾孩子的感受和需求，孩子将无法成为真实的自己，或者一直被否定。

这些人原本应该爱我的啊，他们怎么能这样拒绝我？

我们还需要明确，性别认同和性取向不是一个人的主动选择。性取向是在生命最初始的几年里潜移默化地（无意识地）形成的，它是个性、环境、生活经历，特别是对生活的感受、家庭背景、生活中的重大事件等多种因素共同作用的结果，最终导致一个人在这方面产生变化。有时候，这不是一个选择，而是每个人身份发展的组成部分。

家庭也会成为焦虑的温床

核心家庭

> 核心家庭就是以我为圆心的诸多同心圆里最中心的一个，它包括我的父母和我的兄弟姐妹。这是我周围最初的，也是最基本的关系。

长期以来，核心家庭就是我的一切。我在家庭中成长并认识世界。对于家中向我展现的事物、家里的生活方式和习惯，我是非常敏感的，因为这就是我的常态！

我的可塑性超强，几乎可以适应任何生活方式（无论是在班迪亚加拉悬崖上的木土屋，还是在阿肯色州的农场），只要有人关心我，给我吃的，并且爱我，对我来说就足够了。我并不需要完美的父母，只需要"足够好的父母"，也就是说，他们愿意对我好，能够温柔地对待我的天真和单纯。

我一直认为我生活的家庭是最正常的，因为，我也只知道这个家庭，不需要再多解释了吧。但我依然能够感受到家庭中的紧张氛围或者家里出事了。我是一个会焦虑的孩子，我是一块情绪的海绵。往往大家都还没开口，我就能感受到这一切。

我注意到，最近爸爸对妈妈更关心了，妈妈总是把手放在肚子上，不再让我依偎在她身旁。我知道，我就要有一个小弟弟或者小妹妹了！

我也能在父母宣之于口前就感到他们想分手……更讨厌的是，我发现他们其中一个在做错事，而另一个却毫不知情。我非常不喜欢这种感觉，我觉得自己在撒谎，但我又不能说出来，因为那是一种背叛……这对我来说简直就是地狱。没有人理解我，我只能在角落里独自难受。

在这种情况下，我可能会成为所谓的"发病儿童"。这个称呼可能不好听，但它说明了一个事实，就是这个家里出了问题，而大家却避而不谈。结果就是没有人想要解决这个问题，整个家庭陷入一种病态的运行模式中。过了一段时间，如果情况一直没有好转，往往我就是第一个卸下伪装，直接病倒的人。

父母遇到的每个问题都可能成为我的枷锁，因为我有过度解读的倾向。实际上，我并不了解事情的全貌，这个时候我总会想到最坏的情形。当我的柔道课下课时父母还不来接我，我就会想他们是不是遭遇了车祸。我不愿意晚上去朋友家玩，因为不想让父母在开车接我的路上遇到危险。

总之就是，别什么都跟我说，我还是个孩子，我不需要知道所有的一切。但是，只要定期和我交流，倾听我的提问和我随口提起的一些小事，父母就一定会知道我关心的那些事。

孩子常常会在不经意间，随口提起一些小事，这是解读他们真实内心的钥匙。

有一些方法可以让这些话浮出水面：

▶ 一种方法就是等，非常认真地等：这种机会稍纵即逝，可遇不可求！

▶ 另一种方法是通过象征性的游戏来激发孩子。孩子很容易将情感投射到一些人或物身上，再用这些人或物来重现日常生活的场景，比如乐高里的角色、复仇者联盟里的英雄、芭比娃娃等，他们可以用来扮演老师或霸凌者……或者在玩过家家的游戏中，孩子会告诉你："分开也没什么大不了的，省的每天吵来吵去，一切都会好起来的……这是瑞恩说的。"这个瑞恩还真是想得开……

▶ 对于年龄较大的孩子或不再玩乐高的孩子，家长可以直接提问。

如果你想知道我在为什么而担心，我们可以不定期举行家庭会议。我们将在第 3 章谈到这个话题。

你得知道，"家"对我来说就是定海神针一样的存在。无论外面发生了什么，家都能给我坚定的支持。正是因为坚信这一点，我每天才能够淡定地出门去面对这个世界。而到了晚上，我就会回到自己的家中"避难"。

对我来说，知道谁、什么时候回家可是很重要的，因为我有点（好吧，其实是非常）焦虑。我并不是一个时间控制狂（虽然有时候确实会这样），但如果我能提前知道，比如今晚爸爸晚点回家或者今天妈妈出差不回家，那就更好了。

我真的不喜欢最后一刻突然到来的"惊喜"。我需要知道谁会在幼儿园或学校放学后接我回家，每周的哪一天我哥哥不回家吃晚饭……因为知道了这些安排（即使我还看不懂时间），我也会安心地知道这一天要怎么过。

最好的办法（告诉你吧，这样会让我感到踏实），是制订全家的一周计划，有了这个，我自己就可以看懂谁、什么时候会在家。这是一个周历，每个人可以用不同的颜色代表，或者用磁力扣吸上每个人的照片。每天早上，我会把自己的照片移动到当天的格子里，即使我还不识字，我也能知道今天是星期几，今天谁在家。我就是想要知道！

父母是管理孩子焦虑情绪的关键角色。这并不只是因为他们有责任，而是因为只有他们才拥有可以马上改变现状的办法。

单亲家庭或重组家庭

你们分开了？这本身并不是问题，只要你们能保持联系，也就是说你们还能平和地交流，你们仍然可能是一对好父母。

特别要注意，总有一些父母让自己的孩子当传话筒，这可是一种让人恼火的做法。

对我来说，最糟糕的事莫过于我爸跟我妈不说话。

我是你们的孩子，不是传话筒。你们得像个大人一样解决自己的问题！

我可不想左右为难，真的求求你们了，因为这会让我陷入对谁保持忠诚的抉择。我到底应该站在哪一边，爸爸，还是妈妈？你们知道吗？在我眼里，你们始终是我的父母，我爱你们两个。眼睁睁地看着你们分开，这对我来说已经够难的了，就请你们不要在门口吵架，也不要对我说"去告诉你妈／你爸……"，这样会让我感到压力极大！我不想成为坏消息的传话筒，所谓的"好消息"我也不想传，比如谁有新的伴侣了、我就要有个同父异母的弟弟了……

　　再说了，上学已经让我很有压力了，我要面对考试成绩，我的同学还会制造各种麻烦。再有就是，语文老师不喜欢我……

　　我当然知道你们不可能在所有事情上都意见一致，否则你们就不会分开了。但是，我是你们的交集，如果你们至少在对待我的生活安排上达成某些一致，对我来说就会更轻松一点儿。

　　一般说来，要让我理解和接受一条规则，必须要让我看到它的实用性、长期性和绝对性。没错，这规则得是放诸四海皆准的，或者至少也得差不多。比如，我在家里和学校都听到过"不许咬你弟弟"。虽然老师指的不是我弟弟，而是我的同学，但是，我很清楚这是同一件事。因此，我得出了结论：这不是妈妈或老师一时兴起提出的要求。而且，老师上周对亚尼斯是这么说的，昨天对索菲也是这么说的！当我看到这在哪里都适用，对谁都适用，我就会逐渐接受和理解这条规则了，尽管之后你们可能还需要提醒我。

　　所以，如果我的父母有两套不同的规则，这就会让我有点紧张，因为我永远无法确定这是真正的规则还只是你们随意提出的要求。

　　另外请记住，我是一个依赖习惯的人。在我很小的时候，大家都知道我需要走完一套固定的流程才能安心入睡，这种需求差不多是贯穿一生的。而且，你们也有自己的习惯，当你们感觉不好时，你们会做一些事情来获得舒适感，甚至包括睡觉。

你们可能没有意识到，你们会坐在沙发上的同一个位置，看同一种类型的电影，喝同样的茶（或其他饮料），然后星期五晚上，你们会和朋友出去。所以，你们有你们的习惯，也请留意我的习惯，尽可能让我能在你们的两个家之间保持某些一致性，这样我就不用每周都在两个不同的环境中来回适应。我向你们保证，这是非常累人的，而且会带给我非常大的压力。

最后一件事：如果我们能够有一个关于在爸爸家和在妈妈家轮流住的时间表，那就更好了。对我来说，明确知道今晚要住到谁家里很重要，否则我会一直感到迷茫，不知道今天该回哪个家。

理想的状态是，爸爸和妈妈手里有同一份时间表，用同样的颜色标记。这对我来说就是一盏指引的明灯。慢慢长大以后，我可能就不那么需要它了，但在我很小的时候，这真的对我很有用。

重组家庭面临的另一大挑战，嗯，就是家庭的重组。一夜之间我的家庭角色就变了，这可不是件容易接受的事。

我原本是家里的哥哥，但是爸爸的新家庭里有两个姐姐，于是我变成了小弟弟；而在妈妈那边，我又成了家里"当顶梁柱的男人"。对我来说，在两种角色之间切换是很难的，有时我甚至不知道自己到底是谁。

大家庭

啊家人们，我爱他们！但是说实话，有时候他们真的会给我很大压力。比如，爷爷家里不让吵闹，但是我做不到安安静静，于是每次都被骂，真是烦死了；而我姑姑呢，她每次来我们家，都会检查我的房间够不够整洁；还有奶奶，她总说"男孩子像你这么爱哭可不行"。唉……我爱他们，但有时候我真的不想看见他们。

还有那些没完没了的家庭聚会，大家一直在说那些"别人家的孩子"，他们学习特别好，或者他们的排球队得了冠军……其实我还是挺喜欢这些亲戚家的孩子的，他们是我身边的例子，让我看到生活可以是不一样的。我们的相同之处在于他们的生活里也有父母、其他孩子、学习和运动，而不同之处在于他们住在山里，或者海边，或者国外，他们家里养狗，或者他们在家学习而不用到学校去。

这让我看到我可以用不一样的方式做事，让我跳出自己习惯的模式，同时仍然保持在一个熟悉和被认可的范围内。

学校也可能是个大麻烦

学校啊，真是个大麻烦！幼儿园或学校往往是孩子在家庭之外的第一个同心圆。这是他们第一次接触外面的世界。在这里，他们遇到其他孩子，看到别人家和自己家的不同，以及认识到自己的习惯并不是所有人的习惯。

托儿所和幼儿园

> 幼儿园，保育员，嗯……这是我第一次跟爸妈分开。对你们来说，谁、什么时候来接我，（几乎）是确定的安排，但对我来说，完全是一片迷茫。早上你们亲我一口，抱我一下，说一句"下午见"就走了。实际上，我根本听不懂"下午"是什么意思。结果就是我完全不知道什么时候，以及谁，会来接我。

那个，你们肯定会来接我的，对吧？

分离（遗弃）焦虑是幼儿期的一个典型表现，这其实很有道理。作为一个刚出生的宝宝，我是所有动物里发育最不成熟的。长颈鹿宝宝在出生一小时后就会跟着妈妈走了，而我却要花更长的时间……而且这个时间是以年计算的！

所以啊，一想到可能被抛弃，我就害怕，因为没有你们，我就生存不下去。当我被丢下一整天，我也不知道接下来会发生什么，说实话，这种日子我一天也不想过。

如果想要缓解我这种对被抛弃的恐惧，也就是分离焦虑，你们得站在我的角度考虑问题。比如，我搞不懂时间的概念，而且在我 5 岁或 6 岁之前，这种情况很可能都不会改变。因此，当你们把我交到幼儿园老师的怀里，告诉她"我六点来接他"，这话对我来说什么用处都没有。

要和 5 岁以下的孩子提及时间的概念，最好用具体的活动来表示。

你先玩一会儿海洋球，然后吃午饭。接着你和你的小熊一起睡午觉。午睡醒了，就该吃加餐了，之后你可以去操场上玩。当你在操场玩够了，我也下班了。然后我就来接你，我们一起回家。

如果你这样描述我的一天，我心里就有数了，知道自己处在什么位置，我就能安静地等着你。甚至我都不需要一直等，只要知道什么时候会再见到你，我就不用一直杵在门口打量每一个进来的大人了。

　　父母要选择恰当的表达，这对我们小孩子尤为重要。就拿"晚上见"这句话来说吧，每天早上你们离开时，会亲我一下然后说这句话。你们这么说是为了表示你们很快会来接我，但对我来说，"晚上见"的意思就是"睡觉前见"。这本来也没什么问题，但是你们可能忘了我是要睡午觉的。大约要到 3 岁，有的孩子会更晚一些，我们才知道中午的小睡和晚上睡大觉是两回事。所以在我看来，当你们说了"晚上见"，而我午睡醒来后你们还没来接我，那么我就有理由相信你们每天早上都在骗我。我到底怎么才能确信你们真的会来接我呢？

　　所以，请忘掉所有与时间相关的说法，以及你们看得懂时间的大人才明白的表达方式。你们应该用我的日常活动来表述，这样我才能理解并知道现在处于什么阶段。

　　如果我有分离焦虑，那这一点对我来说就更重要了。解决的办法是做个一周计划表，这和在重组家庭中用来标明哪一天我住在谁家的计划表是类似的，用不同颜色的图标和表示每个人的磁力扣来展示幼儿园的一周安排。这对我来说很重要，因为这样我就能知道自己下一步会怎么样，而不会总觉得自己像个被人随意从一个地方送到另一个地方的包裹。

小学和初中

　　开学第一天我就会焦虑，这既合情又合理：我担心自己谁也不认识，担心交不到朋友，担心老师会批评我，担心没人跟我说

学校啊！在这里我可以交到很多朋友，学到很多东西。但是，说实话，这里也可能是一个非常恶劣的环境。是的，这里简直就是丛林！

话，担心大家都不喜欢我……你们应该尽量让我回忆起那些我第一次做就做得非常棒的事，甚至可以是我第一天上托儿所或者幼儿园的表现。那时我比现在还小呢！

这种事前的焦虑说明我意识到今后的生活将发生重大变化。因此，可以在开学之际"利用"一个大哥哥或大姐姐（可以是我的亲哥哥或亲姐姐，也可以是公园沙坑旁偶遇的大孩子）来向我解释上学是怎么回事。

你们可以给我讲讲你们自己对上学的回忆，让我穿我喜欢的衣服（即使你们并不喜欢），好让我在开学这一天感觉自在和舒适。尤其是，你们可以在开学后安排一项我喜欢的活动，比如当天晚上吃华夫饼或接下来的周末去野餐，这样我就有盼头了，而不是一想到开学就头疼。

之后，我在学校生活中的成长和幸福感将会建立在以下三个方面的基础上：社交关系质量、学业压力以及自信心。

学校里的社交关系是至关重要的。因为在学校里，我不是你们的"心肝宝贝"，我是一个学生，一个朋友，我不是这里唯一的孩子，而是 30 个学生中的一个。即使我笑起来很好看，或者我的歪刘海让你们心软，但老师和其他学生对我绝不会有无条件的爱。我得独自面对这一切。

探索自我的另一种可能，我觉得这是件好事。我发现我既可以是你们的"心肝宝贝"，也可以是一个普通的学生。在家我是"有三个姐姐的小弟弟"，在学校我是"全班男生小组的带头大哥"。我在家里已经开始感受到人的多样性（我们每个人都与众不同），在集体中对这一点的体会会更深。

这就是为什么被接纳这件事在学校是如此重要。对于某些孩子来说，没有朋友已经够难受的了，如果发现自己还是唯一一个没朋友的人（尽管这从来都不是真的），他会愈发难过。

注意：对某些孩子来说，独处是一种主动的选择。确实有些孩子更喜欢观察别人，独自玩耍……他们可能会觉得其他孩子"太幼稚"了。家长当然可以询问孩子没什么朋友的原因，但注意不要把你的担忧强加到孩子身上。询问的时候要小心，不要暗示孩子这是一件坏事，要认真听取孩子的回答。这将有助于我们判断是否有必要以及如何进行下一步的引导。

随着时间的推移，你们慢慢会在我的校园八卦中发现一些经常出现的名字。在小学低年级阶段，友谊的小船说翻就翻，有人会在极短时间内从"我最好的朋友"变成"路人甲"，原因可能是新同学的到来、谁说了谁的坏话、谁又随口说了一句"我不跟你好了"……要知道应对这种情况总是很麻烦，特别是这个时期的友谊常常是"有他没我，有我没他"的。友谊的破裂会给我带来很大的压力，也会让我难过。

这时我就需要你们贡献出倾听的耳朵，不断提醒我：我以前也战胜过类似的困难。告诉我，如果瑞恩搬走了，难过也是正常的。

学校常常是我们的初恋发生的地方。这有时很简单，但有时也挺复杂的。我要能够谈论这些事，我要表白自己的心意，我还要澄清那些说我喜欢西洛埃的流言……真气死我了，因为我根本不喜欢西洛埃！上周，我打了瑞恩一拳。你也看到了，我受到了惩罚。但是大家什么也不懂，还在说我喜欢西洛埃……

其实呢，我喜欢的是乔安娜，但我不敢跟她说。她是隔壁班的。大家都说喜欢一个人是幸福的，但事实并非总是如此。大人往往会低估我在感情上的投入程度，但是他们错了，我真的非常投入。

学业的压力不仅仅来自班级，更与学校有关。这种感受是学校对学生施加的压力（教师的言辞、学校的规定等）与家庭给孩子的压力相结合的结果。焦虑的学生往往会感受到比实际更大的压力。在这种情况下，与其强调成绩，不如帮助孩子掌握一些更有效的学习方法，以便更高效地利用时间和完成作业。比如，我们可以帮助孩子理解作业的要求，也就是说，要给作业设定一个明确的目的。

"把课文再读一遍"这个要求，经常被学生机械地执行。孩子会重新读一遍，但他可能对读的是什么内容完全没上心。最后，大概什么都没记住。你可以试着分解作业要求，甚至让他回答以下问题：

"把课文再读一遍"的目的是什么？你想通过"把课文再读一遍"达到什么目的？

老师或家长要为每项作业设定一个明确的目的，这样孩子就更容易集中精力完成所要求的任务。孩子需要在开始读书之前就能够对自己说：

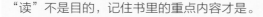

"读"不是目的，记住书里的重点内容才是。

这个区别是显著的！孩子越早学会解读隐形的指令，他就能越快理解并接受以下观念：

你可不是在为我（老师）学，你是在为你自己学。

给每天的学习赋予意义，会极大地提升学习效果，同时还能减轻焦虑感。

如果你能教我安排好时间，让我能提前完成作业，那我会很乐意地接受你的指导。从四年级开始，有时老师会提前布置一些作业，这样我就可以逐步学习如何管理时间。不过注意了，你们不要替我去完成这些事，应该让我自己做，比如检查书上有什么作业要写，收拾明天的书包，整理物品，等等。

随着年级的升高，作业量也逐年增加，尤其是从小学刚升入初中的阶段。这时统筹安排的能力至关重要，安排得好就能大大减轻我的负担，而如果不具备这种能力，我很可能会失去信心，进而放弃，那就太可惜了！

有些学校从低年级开始就对学生严格筛选，还会中途劝退那些不能达到学校要求的学生。学生在重压之下不断努力，而一旦落后就会进行自我否定。

总的来说，法国教育部门推行的排名制度会把孩子认识世界和看待周围一切的初始参数设置为竞争模式。如果我们只看重个人的表现，就会把成绩欠佳的学生抛在一边；而如果我们强调团队的成功，这不仅能表彰那些团队里的引领者，还能激励所有其他的人。

> **合作永远是比竞争**
> **更有意义的学习目标。**

高中

高中与初中是一脉相承的，所以高中不能解决任何在初中已经产生问题，比如成绩压力、社交压力、霸凌、排挤等。此外，高中阶段还会加剧那些在初中已经隐隐冒头的问题：早恋（在高中会更复杂）以及进一步拓宽的视野。

当孩子意识到高中仅仅是人生的一个阶段，他们就会知道高考不只是一个结束，还可能是一个开始。此时，他们再次在竞争模式下经历选拔。这的确是整个学生生涯的关键点，这在"大学之路"网站 ⊖ 上就能看出来。

⊖　"大学之路"（Parcoursup）是一个法国网站，向高三学生提供高等教育的报考指导。

实际上，除了对高考成绩的担忧，在"大学之路"网站上选择学校和专业也令人不安，因为录取的结果对于一些人来说充满了不确定性。有的孩子在听了 18 年的"只要努力，就会成功"之后最终发现，虽然高考取得了 16 分的好成绩[⊖]，依然可能被心仪的学校拒之门外。高考本身就包含着一种焦虑成分，这种焦虑从高一开始就有，并在孩子面对未来的双重不确定性时变得愈发强烈。

我明年该怎么办？

我会被录取吗？

我能考上什么学校，我应该选什么专业——这是高一和高三的青少年焦虑的主要来源，也是孩子心里对未来几年生活底色的描绘。看上去这是孩子自己的事，但他们总是会在别人期待的目光中感受到压力。总之，这些日子就不可能在安静祥和中度过！所以，请家长时刻牢记下面这句话：

⊖ 法国的高考满分为 20 分，分为 4 档：10~11.99 分为及格，12~13.99 分为中等，14~15.99 分为良好，16~20 分为优秀。获得 16 分意味着考生在考试中表现出色，展示了很强的学术能力和理解力。这个成绩通常能让学生在申请高等教育机构时具备很大的优势。——译者注

我会和我的孩子保持联结！我不会让他感到无助和孤独。

其实，保持联结要比重新建立联结容易得多……

所以，并不是因为我长大了，就不再需要你们好好地陪伴我了。重要的是要关注我，关心我的兴趣、我的朋友、我的愿望，和我分享你们的生活……还有晚饭，是的，我们要晚上一起吃饭，不能把餐盘拿到每个人自己的房间里对着屏幕吃。

如果有一天我问自己："我能跟谁说说呢？"我会根据所有上面这些小细节（有些也不是小事）来做出选择。

用运动缓解焦虑

值得探索的资源

运动是一个有趣且有益的尝试。孩子可以在运动中探索日常生活以外的东西。我们当然不能强迫孩子参加某项运动，而是要根据他们的个性提供有针对性的选择，这能帮助孩子在不知不觉中学会克服困难。

如果你的孩子喜欢独自玩耍，不懂如何与兄弟姐妹或同学合作，那么你就应该为他选择团队运动，比如排球、篮球、橄榄球……（没错，我是故意忽略了足球，因为现在当我们说起足球或者想到足球时，大家感觉这更像是一项个人运动。孩子们的梦想是成为姆巴佩、洛里斯[○]或梅西，而不是团队里的一员。）

如果恰恰相反，你的孩子总爱躲在别人后面，那么就应该选择一项个人运动，让他知道一切都要靠自己，从而帮助他建立信心，比如游泳（至少可以学会游泳并增强自信）、跑酷、高尔夫，还有击剑、柔道……武术也是极好的，能教会孩子很多，包括培养自信，增强钝感力（尤其是对于女孩子），懂得遵守规则和尊重他人。

体育项目的俱乐部也是孩子重要的社交场所。他们可以尝试在学校中扮演不同的角色，也可以在课外活动中扮演不同的角色。和所有其他课外活动（比如艺术、科学、游戏）一样，这里是结交新朋友、探索社交方式的好地方。这里的社交方式与其他地方有所不同，但又足够熟悉，能让孩子感到轻松自在。

○ 基利安·姆巴佩（Kylian Mbappé）和雨果·洛里斯（Hugo Lloris）是法国著名的足球运动员。——译者注

　　运动还有一个特别之处，就是它可以提升孩子学习以外的一些能力。一个在课堂上不太自信的孩子，可能在需要灵巧和应变速度的乒乓球运动上，或者在注重耐力和团队精神的橄榄球比赛中，对自己的表现引以为傲。每个孩子都能找到适合自己的运动！

　　运动是孩子成长的学校。他们在运动中学习合作、信任他人并为大家共同的目标努力。

在运动中避免竞争的压力

　　然而，那些学校里常见的问题，比如霸凌、压力、自卑、丧失信心等，在体育活动中不仅存在，而且还要再加上对身体的关注。身体在体育运动中的作用，首先是活动进行的工具，然后是展现自己的工具。尤其对于青少年而言，运动有助于将他们从社会审美对身体的要求中解脱出来，回归身体的首要功能：高效地动起来。

　　当竞争精神被树立为一种目标，会折损体育运动带来的诸多益处。为了超越自我的竞争是一件好事，而为了打垮别人的竞争则不是。更具破坏性的还有那些把竞争带到运动场上的家长。在体育场和在学校一样，要让孩子紧张起来，"最好的办法"就是给他们的肩膀施以重压。他们会害怕失败，害怕让你失望，害怕在你眼中表现得不好，这对孩子没有任何好处。

运动是对抗焦虑的理想盟友

　　运动是对抗焦虑的好伙伴。身体上的活动将躯体和心灵都集中在其他事情上，从而促进内啡肽、多巴胺和肾上腺素等一系列激素的分泌。

这些激素会在多方面起作用：

▶ 减轻焦虑和负担；

▶ 通过活动增加身体疲劳感，从而改善睡眠质量。这几乎是世界上最好的安眠药！

定期进行体育运动的效果相当于每天注射抗压力激素。当我们说到体育运动时，其实指的主要是日常的身体活动。在生活中，我们还可以创造出很多方式来增加身体活动。如果你家离学校不到 1 公里，那真是太好了，你可以步行送孩子上学。

如果你没时间和孩子一起走，也可以联系附近的其他家长，看看他们是不是可以每天早上送孩子的时候带上你的孩子一起走这段路。这样做对于减轻孩子的焦虑有双重好处：既能通过运动保持健康，同时又建立了社交关系。

如果你住得离学校有点远，可以骑自行车或非电动的滑板车（电动滑板车属于被动代步工具，对健康无益）。对于 6 公里以内的路程，骑自行车是理想的选择，以常速骑行大约需要半个小时。我们一定要在安全的自行车道上骑行，千万不要提心吊胆地和飞奔的大型机动车行驶在同一道路上。

体育运动也是预防孩子超重的理想武器。在法国，6~17 岁儿童中超重的比例已经达到 20% 的历史新高，其中 5.7% 的孩子属于肥胖。这个时期体重的问题还只是我们目前看到的健康问题，等再过几十年，情况会更严重。未成年时期的肥胖容易导致成年后的肥胖，肥胖的儿童在成年后的肥胖率在 20%~50% 之间，肥胖的青少年则有 50%~70% 会在成年后依然面临肥胖问题。肥胖和超重会增加罹患心血管疾病、代谢方面疾病（糖尿病、胆固醇超标）、关节病、呼吸系统疾病以及某些癌症的风险。说回到当下，超重的孩子可能自尊心受损，自认为外形不佳，这会间接地引发孩子的焦虑，而整个社会对"肥胖"的污名化则直接增加了孩子的心理负担。

运动是人人都能受益的活动

总而言之，如果家长在孩子很小的时候就引导他们养成积极运动的习惯，就可以在多个方面看到积极的效果，减轻孩子对于当下和未来的焦虑。

同时，孩子也会在运动中：

▶ 保持较低的焦虑水平（在成人世界里，焦虑水平可比现在高得多）；

▶ 降低罹患非传染性疾病的风险，如糖尿病、胆固醇超标、高血压等；

▶ 通过绿色出行减少大气污染，减少温室气体排放。

> **一言以蔽之：**
> **运动是孩子日常生活的真正宝藏！**

降低霸凌带来的伤害

什么是霸凌

霸凌是一种反复发生的暴力行为，会让受害者感到孤立无助。霸凌可能是身体上的（比如殴打）、言语上的（比如辱骂）或心理上的（比如排挤）。霸凌会建立在对一个人与众不同的地方进行贬损或对其某种特征的强调上。

→ 他们说我穿得像个要饭的。

→ 我开了个玩笑，她没听懂，然后她说我是笨蛋。现在她就管我叫"笨蛋"。

→ 他们嘲笑我的眼镜和牙套，说我是丑八怪。

→ 她不让我和班里其他同学说话，我总是孤零零一个人。

→ 他们把我堵在厕所里，还把我的书包扔在地上。

→ 当我说我没有妈妈的时候，他们说我骗人。

所以，我们常常会看到一个孩子独自在房间里哭泣，因为他不想第二天再回到那个让他胆战心惊的教室里；或者我们发现一个孩子没事就欺负弟弟妹妹，他这是在以这种方式来发泄因为被霸凌而产生的挫败感（但这种行为本身也没好到哪里去）。

霸凌可以很快产生毁灭性和破坏性的后果，因为它影响的是一个正在成长中的孩子。此时孩子的"自我意识"尚未成熟，难以区分别人对他们的评价是基于合理的理由，还仅仅是出于某个人的理解或故意的伤害。由于儿童的自尊心尚在发展，他们对别人的看法非常敏感，此时出现的霸凌事件能够动摇他们人格构建的基础，并影响其一生。

一个遭受到校园霸凌的孩子不得不在一个充满敌意的环境中学习。

当学习的热情被上学的焦虑所取代，孩子的学习成绩很快就会受到影响。这个过程在焦虑的孩子身上发展得更快。

于是我们发现，这个孩子在好几周的时间里拒绝学习，成绩急剧下降，但他并不因此而难过。因为这样一来，就没人再叫他书呆子、马屁精或班上的头号种子选手了……他泯然众人，不再是学校里的众矢之的。然而，紧张的气氛可能会转移到家庭中。

如何判断孩子是否正在遭受霸凌

● 幼儿

对于低龄的孩子，会有一些报警信号提示我们霸凌可能出现在了幼儿园、运动俱乐部或者公园里。你要知道，霸凌的实施者通常都会威胁受害者不许把这事说出去，所以孩子大概率是不会主动向家长报告的。当然如果家长能提前对孩子进行预防性的教育，情况会不同。但如果没有，家长要对一些信号保持警觉。

如果孩子的语言表达水平还不足以描述霸凌事件和由此产生的感受，家长要特别注意孩子行为上的变化。这可能表现为大小便方面的问题，如尿床、继发性大小便失禁（已经学会控制大小便的孩子突然出现尿裤子或拉裤子的情况），入睡困难或睡眠障碍（做噩梦、夜啼等），饮食方面的问题（拒绝自主进食或拒绝某些类型的食物，退回到只吃流食而不吃固体食物的状态，挑食等），还可能出现分离焦虑加剧的现象，例如早上孩子一到幼儿园就开始哭。不过很快，孩子就能开口说话了：

我不想上幼儿园。

● **小学阶段的孩子**

对于 6~11 岁之间的孩子，我们最常听到的一句话就是"我不想上学"。在成年人看来，似乎孩子这么想也挺正常的，但有时我们可能并没有理解（或完全理解）孩子的意思。

正如我们前面提到的，我们可能发现孩子会经常在自己的房间里哭泣，或将霸凌行为转而实施到其他家庭成员身上（比如家里的弟弟或妹妹）。

此外，孩子还可能出现身体上的不适（这是将心理压力转化为了生理症状），比如肚子疼（或其他肠胃问题）、头疼、浑身疼。孩子还会一直说：

你看我是不是病了……

前面提到的饮食方面的问题会变得更加明显。如果这种情况持续数月，将可能导致持续性的焦虑，甚至演变为周遭一切都能触发的广泛性焦虑。

这个年龄段的孩子还会想各种办法来改变那些导致他被霸凌的因素。如果孩子是因为戴眼镜而被欺负，他可能会"不小心弄丢"一两副甚至三副眼镜；如果孩子是因为着装而被嘲笑，尽管一个月前他还很喜欢那件带乐高图案或者贴满亮片的毛衣，现在他就想把衣柜里的衣服全部换掉；还有的孩子会故意把考试搞砸（尤其是好学生），这样他就不会再被说成是因为拍老师的马屁才得了第一，从而躲开霸凌者的注意。

● 上中学的青少年

对于青少年来说，越来越严重的自我封闭倾向是遭受霸凌的信号。他们躲在自己的房间里，不断增加每天使用电子产品的时间，拒绝一切社交活动的邀请……这些回避的表现都在明确地表达出：

我不想上学。

这种情况可能会升级为学校恐惧症。有时是在上学前，有时是在学校里，反正孩子一想到上学就焦虑发作，以至于有些孩子不得不休学或者退学。对于年轻人来说，这种情况让人非常矛盾，他们不想中断学业，但是他们又不能回到学校。

对于青少年来说，虚拟世界占据了他们生活的很大比重，这里也可能是霸凌发生的场所，而且这种隐蔽的霸凌尤其难以识别！从网络霸凌到匿名侮辱，一切都可能发生在屏幕后。

无论在何种情况下，无论你的孩子多大，只要你对孩子是否遭受到了霸凌心存疑虑，你就可以去学校门口观察孩子上学和放学的表现：他脸上有笑容吗？他和同学聊天吗？他是一个人吗？他有没有独自一人在学校操场上？他是否像用了穿墙术一样在学校里走得飞快？然后，跟孩子聊聊你的担忧，让他知道，霸凌者常常会通过威胁来达到他们的目的，而家长是可以帮助他的。

如何帮助被霸凌的孩子

● 事前预防：及时开展对话

不要等到霸凌在学校或周围其他场所真的发生了才进行干预。家长要提前在家里与孩子谈论霸凌，这可绝不应该成为家里的禁忌话题。我们从小就教育孩子要尊重个体的差异性：既尊重他人与自己的不同，也接受自己与他人的不同，从而避免孩子长大后因为自己的"不一样"而自卑。

▶重要提示

　　一定要跟孩子讨论霸凌事件的隐蔽性，正是这种隐蔽性让受害者在孤立无援中饱受痛苦。施暴者一般有以下特征：他们只攻击比自己小或弱小的人（他们既想要占据主导地位，又对自己没有信心，所以专门挑低年级的学生下手，这样就不会遇到太多抵抗），他们会确保自己的地位不被别人威胁。所以施暴者一边偷偷干着坏事，一边公然叫嚣恐吓："你要是敢告诉别人，看我怎么收拾你！"这一招很管用，有时被欺负的孩子会因为害怕家人或朋友受到伤害而保持缄默。如果你的孩子正处在焦虑中，而且已经形成了"不完美受害者"的心理⊖，那这招对他们就更管用了。

● 事后应对：孩子被霸凌后该怎么办

　　当发现孩子遭受到霸凌的伤害后，我们当然可以向他提供心理疏导。但要注意，这可不是我们应当采取的唯一措施。首先要做的是必须制止霸凌行为再次发生。如果霸凌还在继续，而我们只是在孩子经历创伤后，把他送到心理医生那里接受心理辅导，这就等于告诉孩子："问题还是出在你身上，谁让你这么难看／个子矮／扭扭捏捏的／红头发／戴眼镜……"

　　在心理辅导的过程中，恢复孩子的自尊心、自信心以及与他人的关系等肯定是很重要的，但同样重要的是让孩子感受到身边还有一个支持

　　⊖　一些儿童在被霸凌时会产生非理性的思维模式，觉得是自己的行为导致了这种后果，这使得他们更容易被威胁和恐吓，从而保持缄默并放弃反抗。——译者注

他的网络，包括朋友、家人、学校和法律，整个支持网络会帮助他走出困境。

▎家人和朋友的支持是恢复被霸凌孩子自尊心和自信心的关键。

当听到孩子说他被霸凌了，家长首先要做的，就是不要质疑孩子说的话。如果对孩子的描述有疑问，可以选择其他时间进行讨论，但不要在他第一次提及就当场质疑。之后你还要去调查，去找学校的老师、托管班的老师……但当下重要的是让孩子有机会可以倾诉，尽情表达他的情绪和感受，包括愤怒和不公。心理医生固然是专业的，但首要的资源是家庭，是父母。

有太多年轻人（以及不再年轻的人）曾是霸凌的受害者，有些人选择了沉默；但更糟的是，有些人把遭遇说了出来而情况没有任何改变。当你的孩子终于鼓起勇气说出自己的遭遇时，此时最重要的就是制止霸凌。如果他说了，情况却没有任何改变，孩子接收到的信息就是："当你遇到困难时，就算说出来也没用。没有人能帮你，你必须自己解决。作为家长，我也不能保护你。"这显然不是你想要传达给孩子的信息！另一方面，这也等于告诉施暴者：他不会被怎么样。施暴者反而会更加肆无忌惮，从而造成更大的伤害。

在家里听完孩子的倾诉后，家长要立即向学校反映情况。可能你想直接去找施暴者的家长理论，但这样做可能马上就会导致冲突的升级。要解决霸凌问题，家长一定不能感情用事。因此，我们最好交给学校来处理，因为学校有义务和手段对霸凌事件采取预防和处理措施。如果这些都不够，学校也不能为孩子提供一个平和友善的学习环境（即使这样我们也要保持乐观），那就不用犹豫，报警吧！最关键的还是，一旦孩子告诉你他受到了霸凌，家长就要立即做出反应，这表明你听到了他的心声，而且正在采取行动。

　　尽管网络霸凌（也就是在互联网上通过邮件、社交媒体等进行的霸凌）更隐蔽，识别起来也需要更多时间，但它同样有害。此外，由于新冠疫情，在中学甚至小学的教学中，线上工具使用的机会越来越多，这极大地推动了学生之间的线上交流。但这种交流并不总是合适和友善的。因此，家长要始终保持警惕，尤其是对于女孩子——尽管不应该在这里说，但经济学人智库的一项统计显示，在 2024 年，在这个"美好"的世界里，全球有 85% 的女性遭受过网络暴力。

> 无论男女老少，预防霸凌是关键！
> 从孩子小时候就开始
> 以适当的方式谈论霸凌问题，
> 这对他们的成长举足轻重。

无处不在的电子产品

电子产品引发的各种问题

电子设备和数字技术，真是一把突然闯入孩子生活的双刃剑。它们既能让人如痴如醉，也能成为焦虑的来源。如果有的孩子不能像其他人一样接触到这些设备，他们就会被同伴排挤。根据 2023 年的一项统计，法国绝大多数初一的孩子都在手机上有自己的社交媒体账号。这似乎在我们的预料之外，但考虑到孩子们的感受，好像也在情理之中。

一旦孩子获得了进入这个虚拟世界的通行证，就像其他工具一样，电子产品就展示出了各种可能性——从最好的（比如与搬到其他城市的瑞恩保持联系）到最糟糕的。至于由此引发的焦虑，我们首先想到的就是网络霸凌。

与现实生活中的霸凌相比，网络霸凌要隐蔽得多，常常在社交媒体的社群里逐渐滋生。加入这些社群几乎是每个中学生的必选项，理由常常是"为了完成作业"或者"万一我忘了记作业"。然而，这些借口在法国教育部门推出的线上教学和管理平台上线后就站不住脚了。

但是多个平台的出现又引发了新的问题：学生必须在不同的平台上检查不同学科的作业，可能英语在这个平台，历史和地理在另一个平台，数学又在第三个平台……这真的是个巨大的麻烦事，不仅增加了孩子在作业管理上的难度，还加剧了孩子和家长之间的数字鸿沟。毕竟，不是所有家长都能轻松玩转这些网络工具的！

电子产品带来的另一个问题，是孩子可能接触到的那些内容。虽然你也清楚家长控制功能的作用有限，但你还是觉得有了这层保护，孩子就能跟暴力、色情等不健康的内容隔离了。然而很可惜，这只是一个错觉。在每个校园里，都会有一个或几个学生（比如瑞恩搬走后，取代他的新朋友阿纳托尔）会主动教你的孩子如何破解家长控制功能。此外，网上有些视频会故意不打字幕以便绕过监管。

你可能会纳闷，一年前孩子就可以关灯入睡了，但是现在他突然要求开着门睡觉。终于在某一天，他告诉你，这是因为那个阿纳托尔给他看了一段恐怖视频，导致他到现在都还一直怕黑。

再有一个问题是，孩子很容易接触到色情网站。这些网站不仅向未成年人传播不恰当的内容，还宣扬了女性向男性欲望屈从的观念。其中男性的力量通常表现为对女性的虐待，无论对方是否同意。

电子产品还会导致睡眠障碍（屏幕发出的亮光会抑制褪黑素——一种睡眠激素的分泌）和失眠，因为盯着屏幕会让人沉迷其中，从而忘记时间。

如何帮助孩子管理电子产品

● 重要的还是预防

你可能会在孩子 15 岁时才发现他的焦虑问题，但在孩子 3 岁时你就可以开始对他进行性教育。这并不是说要和孩子一起观看成人电影，而是使用适合孩子年龄和发展阶段的语言来进行教育。

家长要从小教导孩子尊重自己和尊重他人，建立性别观念，懂得保护隐私，到了青春期时要了解必要的性知识。3 岁的孩子应该知道内裤或者裤子底下的部分是私密部位，不可以向别人展示，也不允许别人触摸或观看。你看，这其实很简单！还要告诉孩子，不必保守让人伤心或痛苦的秘密，只需要保守那些让人快乐的秘密。可以看出，这是一种巧妙的方法，不必真的说出"霸凌"或"毒朋友"这些词，就能预防这些人的威胁和负面影响。

● 事后应对：家长应该如何陪伴孩子

想要避免与电子产品相关的问题，我们可以用一些简单直接的原则：

▷ 孩子还不满 3 岁？不要使用任何电子产品！

▷ 孩子 6 岁之前，不要给孩子买个人专属的游戏机，也不要让他们自主使用电子产品，即便是为了给奶奶打电话也不行。不需要为了每周一次的视频通话而给孩子准备一部属于他自己的平板设备。

▷ 孩子 6~9 岁：可以有一台放在客厅里的家用游戏机，全家一起在客厅里看电影。孩子使用电脑时家长陪在一旁，尽可能多地使用那些需要主动创造的应用程序（例如视频或图片的编辑软件），而不是那些只需要被动接受（比如只需要用眼看）的应用程序。

▷ 孩子 10 岁以上：使用电子工具（如电脑、数码相机等），学习使用 Word、PowerPoint（在平时就学习使用，这样就不用在周四晚上为了准备第二天关于卓别林的演讲而浪费 3 个小时了）等软件。

▷ 从上初中开始，需要考虑手机的问题了。如果孩子要独自出行，给他买一部手机也未尝不可。但你最好选择一款非智能手机，具备发短信、打电话和拍照功能，这就够了。10 岁前不要让孩子使用社交媒体，不要玩游戏！

▷ 孩子 15 岁以上，达到了进入网络世界的法定年龄[⊖]。在此之前，不要在孩子的恳求下就给他们开设社交媒体账户，这是保护他们免受社交网络负面影响的最佳方法！

⊖ 法国在 2018 年 6 月起生效的相关法律规定，进入网络世界的法定年龄是 15 岁。这表示一个人在网络上能够独立地同意个人数据处理以及使用网络服务，无须得到父母或监护人的同意。而未满 15 岁的未成年人需要得到父母或监护人的同意才能在网络上进行某些操作，如注册社交媒体账户等。——译者注

▶重要提示

孩子的手机平时要放在客厅里，充电也在客厅里，或者在父母的房间里，但绝对不能放在孩子自己的房间里。手机要在晚上 8 点关机，第二天早上 7 点或 8 点以后才能重新开机。随着孩子长大以及他们对手机的管理能力增强，家长可以逐步扩大孩子使用手机的时间范围。

如果你不希望孩子整日沉迷于手机，最好的方法之一就是以身作则！下班回家后，把手机放在玄关（或其他你认为合适的地方）。不要在吃饭的时候接电话，也不要在给孩子辅导功课的时候接电话。

否则，你传递给孩子的信息就是："我的手机比你重要。"这对建立孩子的自尊心可不会有任何的帮助。而对于焦虑的孩子来说，自尊心是个极度敏感的话题。此外，当你给孩子辅导功课时，如果你看到孩子给那个在手机使用上没有任何限制的阿纳托尔回消息，你心里可能也会很别扭。

亟待管理的社交网络

社交网络如何运行

社交网络是工具中的工具。和所有的工具一样，它对我们生活的影响取决于我们如何使用它。一般来说，社交网络就像一面橱窗，每个人只在其中展示自己引以为豪的东西：人们在这里美化现实、粉饰困难、掩盖失败。人们只谈论成功和自我的提升。

这样的结果就是：我们只能看到别人光鲜亮丽的一面，看不到背后的真相，看不到现实的另一面——而这才是冰山隐藏在水下更大的部分。当孩子看别人时只看到成功，而看自己时只看到面具上的裂缝，总是望尘莫及的他很快就会感到自卑，并形成"拥有"比"存在"更重要的观念。

另外，社交网络上也充斥着各种广告，那些把"欲望"包装成"需要"的广告，让人们抛弃了批判性思考。这种通过购物来掩盖自己裂痕的狂热，默默传递着这样的信号："买买买，你会成为更好的自己。"我们不难理解这种信息对一个焦虑和缺乏自信的人会产生怎样的影响。消费主义不能带来意义感，我们只有提出正确的问题才能找到意义感：

"我想成为什么样的人？"
而不是"我想要得到什么？"

与此同时，社交网络上无穷无尽的信息流让孩子永远看不到终点（不像看书或者电视剧，总是有完结的时候）。社交网络尤其是手机端的应用程序，很容易让孩子沉迷其中，完全忘记时间。这对他们的睡眠时间有着实实在在的影响，所以手机绝不应该和孩子一起"睡"在他的卧室里。一旦睡眠不足，随之而来的疲劳会对孩子的日常生活和焦虑管理产生明显的负面影响。

除此之外，那些不到一分钟的短视频会让孩子的大脑形成"只要我不喜欢 / 不吸引我，就立马划走"的运行模式，这将不利于孩子日后面对需要持续专注 2 小时的学习任务和活动。

还有一点，社交网络的底层逻辑是构建一个"朋友圈"。也就是说，人们根据自己的兴趣、信仰和观点聚集在一起。这让我们可以找到一个让自己感到舒适的群体，但也将我们与现实拉开距离，因为在现实中，并非所有人都同意我们的观点。通过社交网络，年轻人养成了只与自己想法相同的人为伍的习惯，并将自己困在自我的执念中——无论这些信念是真是假。

如何帮助孩子管理社交网络

▶ 请等孩子到了合适的年龄再让他注册社交媒体账号。需要提醒的是，根据法国的法律，进入网络世界的法定年龄是 15 岁。从 13 岁开始，未成年人可以在家长监督下注册社交媒体账号。这意味着，家长需要适时参与和监督孩子的网络活动，以确保孩子接收到的内容是适合他这个年龄的。

▶ 当孩子注册成功后，你就可以根据你们的共同爱好，和他分享你在社交网络上看到的内容。你可以关注一些亲子旅行账号，或者从事感兴趣运动项目的不同运动员的账号。这样做的目的是让分享的内容成为你们讨论的话题，从而拉近你与孩子之间的距离。

▶ 不要忘记打开家长控制功能和时间限制功能。简单来说，上学的日子是禁止使用社交网络的，可以在周末，每次使用半小时，当然得在做完作业之后。

让孩子睡个好觉

一个重要概念

睡眠是控制焦虑的一个关键因素，原因很简单：一个疲惫的孩子是无法控制焦虑的，正如他无法控制其他事情一样！事实上，要处理好学校、朋友、兄弟姐妹、课外活动和其他一切事情，都必须保持良好的状态。

> **一定要保证充足的睡眠
> 和优质的睡眠。**

你可能觉得，这不是很容易么？但一个焦虑的孩子，常常会有严重的心理疲劳问题（因为日常生活对他们来说已经很沉重了），这会导致失眠。睡眠不足又会导致身体上的疲惫，使孩子在面对压力时更加脆弱。这样很快就会形成一个恶性循环！

如何帮助孩子睡个好觉

● 关键词：黑暗和规律

改善睡眠，我们首先要考虑"睡眠的卫生和饮食原则"。这到底是什么？我们需要从头说起，而这个"头"，就要追溯我们的起源。我们是智人，我们的身体拥有一种昼夜节律系统（也就是根据白天和夜晚的节奏来工作），这个系统基于每天的日出和日落，在热带地区基本如此。

尽管早在几十万年前人类就掌握了火的使用，但在太阳下山后，天很快就黑下来。去露营过的人都知道：篝火的光亮只能穿过几米的黑暗。所以，在晚上 6 点，当天色变暗时，人们往往很快就会入睡，因为他们白天都在忙于寻找食物（狩猎采集的生活会消耗大量体力）。

那么，怎样才能获得良好的睡眠呢？答案就是白天的充分活动，加上漆黑的夜晚！好吧，这可能听起来有点蠢，但要想睡个好觉，我们就必须得在黑暗中，因为褪黑素，也就是促进睡眠的激素，只有在完全黑暗的环境中才能分泌。这也是我们在 21 世纪难以入睡的原因之一：完全黑暗的环境越来越少见，尤其在城市和城市周边。总有人说光污染影响了生物多样性，别忘了，我们正是生物多样性的一部分！

因此，晚上睡觉时，我们要合上孩子房间的百叶窗，如果没有百叶窗，就要安装遮光窗帘。当然，我们在努力保护自己不受室外光线（路灯、汽车大灯、月光……）影响的同时，也要避免室内光线的刺激，尤其是强烈的白光（主要是在卧室里）和电子屏幕发出的蓝光。

晚饭后请停止使用电子设备，因为这会直接抑制褪黑素的分泌。

我们可以选择看漫画、读小说或故事（睡前当然不要选择给孩子读恐怖故事，尤其是那些本来就容易焦虑的孩子）来取代电子产品，并尽量每天在固定的时间熄灯。

实际上我们可以说，睡前仪式不仅对小宝宝有用，在我们一生中也都适用。其实人类就是习惯性很强的生物。规律的生活能让我们感到安心和平和。即使是那些数字游民或骑自行车环游世界的人也有自己的习惯：每天在同一时间起床，进行晨间的小仪式，寻找下一晚的住宿地，周而复始……因此，我们要重视睡前仪式，确保在固定的时间上床睡觉，并使用温暖柔和的光线。

● 卧室，一个小小的蚕茧

让睡前成为一天中最美好的时刻也很重要。白天，你和孩子度过了高质量的时光，孩子在公园里玩得筋疲力尽。但是没用，到了晚上他还是无法入睡！你可能忘了，焦虑的孩子比其他孩子敏感，这也意味着他对睡眠的环境更敏感。

你熟悉孩子的房间，这是肯定的，因为可能你就是那个布置和装饰他房间的人，你每周打扫一次（如果我说，在孩子 10 岁以后，这事儿就不该你管了，你同意吧？好吧，这个问题我们暂且放放）。总之，你对孩子的房间了如指掌。然而你可能忽略了一个重要的因素：孩子的视角。以他 1.32 米的身高看到的这个房间，是与你看到的完全不同的景象。你尤其看不到的，是关了灯之后，房间里出现的各种阴影。

在孩子眼中，透过百叶窗或从客厅射进来的光线变成了会动的、怪异的影子；在孩子耳中，厨房里洗碗机的声音变成了恐怖的撞击声。此外，还有许多适合妖怪藏身的地方：衣柜里、床底下、门后、书桌下、超大号的玩具箱里……

孩子躺在床上时能看到房间的门吗？他是背对着门还是面对着门？对于一个焦虑的孩子而言，如果房间里没有鬼怪的藏身之处，如果可以从床上直接看到房门的情况，他会睡得更好。为什么呢？因为睡眠时的人处在绝对虚弱的状态，只有确保自己处于安全的环境中，孩子才能安心入睡。而一想到床底下可能藏着妖怪，这显然不能让人踏实下来。那就请按照上面的标准重新布置孩子的房间吧，对于心存焦虑的孩子，这将有助于入睡并提高睡眠质量。

帮助孩子每月至少整理一次房间（如果做不到更多的话）也是很有意义的。家长可以设计游戏化的整理方式，例如把孩子的房间当作阿里巴巴的山洞，我们要到这里来寻宝。用类似的办法让环境变得更加整洁有序。一个干净、美观的环境能够让人心情舒畅。

此外，是时候购入一些比较厚重的棉质床品了，这样即使在寒冬，即使是独自一个人睡觉（一般孩子是这样的），也会感觉温暖舒适。还可以准备一个小的热水袋，在孩子刷牙时放在他的被窝里，之后再拿走，以免温度过高。孩子双脚在睡觉时可不喜欢太热的环境！你还可以尝试让孩子使用重力被，这种被子通过模拟出一种包裹感，从而触发放松反应，以此来帮助孩子入睡（注意，5 岁以下的孩子不能使用重力被）。最后，为了对付夏天的酷热，你也可以用曾祖母留下的老式棉质床单（又厚又重还绣有她名字的缩写），无论温度多高，都能保持凉爽。

如果孩子仍然难以入睡，可以尝试做一些放松练习。

早上怎么办呢

如果每天早晨都充满紧张和压力，那我们就可以考虑多给孩子争取 15 分钟的时间。这可不是让孩子每天早晨都迟到（那样做会适得其反），而是让孩子比平常早起 15 分钟。毫无疑问，这会减少 15 分钟的睡眠时

丁零零

间，但是想想这么做的好处：孩子将会多出 5 分钟的时间来赖床，又多出 5 分钟的时间来穿衣服，再多出 5 分钟的时间来吃早饭。孩子可以从容不迫地做这些事，没有父母一遍又一遍的催促"快点快点"（一直被催促对孩子来说真的很烦）。这样看来，牺牲的 15 分钟睡眠简直可以忽略不计！

不太平的世界

战争与传染病

我真希望可以告诉你，我们生活的世界不会影响我们的孩子，但是很遗憾，事实并非如此。孩子在家的时候，如果你不会一直播放新闻作为家里的背景音，好样的；如果你能不一边看电视一边吃饭，这更是好样的。但这远远不够，原因很简单：孩子们会在学校谈论时事。

当一些孩子看到了他们无法理解或者从情感上无法接受的画面，他们会把他们所能理解的内容（通常并不是全部真实的内容）带到学校说给同学听。是否真实还不是最大的问题，问题在于这些内容往往是极端的。

从 2020 年开始，苦难接踵而来。2020 和 2021 这两年，我们经历了21 世纪的第一次全球性的传染病，这对于家庭，尤其是年轻人来说，并不是一段轻松的日子。紧接着，2022 年爆发了一场我们以为只会出现在历史书上的战争，它就发生在我们欧洲的家门口，这也引发了各国最高层领导人的担忧。战争的画面令人心生恐惧。更糟糕的是，互联网和社交媒体上充斥着各种为了冲上热搜而制造的假新闻或言辞激进的评论。

我们该如何与孩子谈论这一切

● 根据孩子的年龄和敏感度来调整谈话内容

面对这些问题，也许你想对孩子避而不谈，但孩子会在学校的操场上互相交流，无论如何都会谈及当今时事。尤其是，孩子是情绪的海绵，他们听到你说话，感受到你的困惑或愤怒，他们就知道出事了！其实孩子只需要知道你会在那里保护他们免受"坏人"的伤害，知道害怕也是再正常不过的，这就够了。

作为家长，你的任务是平复孩子看到或听到的图像和语言带来的震撼，当然还要回答他们的问题（无论有多少），并让他们感到安心。

> 我们要成为孩子和
> 现实之间的缓冲地带。

时事问题虽然复杂，但并不是完全无法向孩子解释的。就像所有其他事情一样，关键是家长要筛选信息，并根据孩子所处年龄段的认知和情感能力调整解释的方式。

让孩子看到那些互联网上传播的未经过滤的图片（这还得感谢阿纳托尔同学），或者是让孩子在你上网看新闻时无意间看到这些图片，而你并没有跟孩子一起讨论和分析这些图片，这些都是错误的做法，只会徒增恐惧，从而加剧孩子的焦虑。

同样的原则也适用于应对恐怖袭击事件。恐怖袭击的目的就是制造恐慌，因为恐怖主义是一种旨在散布恐惧的暴力行为。恐怖袭击往往会在各种媒体上引起巨大的反响。尤其在当今新闻频道和社交媒体 24 小时不下线的时代，这一点尤为突出。

信息的传播具有即时性、全球性，当平台无法对信息进行有效的审查时，这种病毒式的传播就会令人恐慌。恐怖主义的目的正是通过制造这种看不见且无法预测的威胁来引发恐惧。

我们可以看到，近年来恐怖袭击的方式发生了变化，不再仅仅针对那些有象征意义的特定的目标，而是转向普通平民，以传递这样的信息："再也没什么地方是安全的。"正是出于这个原因，保护孩子免受此类信息的影响非常重要。

因此，家长要倾听孩子在日常生活中（往往是放学回家后）向家长提出的问题。重要的是：不要对孩子撒谎，因为你会被揭穿。可能不是立即就被发现，但孩子一定会把你给的答案跟朋友给的答案进行比较，这下你就露馅了。而且你还会被孩子贴上"不可靠"的标签，这绝对是家长不愿意看到的。一旦你的话被孩子质疑，那么在你试图安抚孩子的时候，他们可能就不再相信你了。

需要明确的是：你并不需要给孩子描述枪击事件的血腥场面和偷袭的技术细节，而是要根据孩子的年龄和敏感度来调整你的讲述方式。即使是很小的孩子也能够理解恐怖分子或坏蛋对他人造成了伤害。事实上，"坏蛋"这个形象对孩子们来说并不陌生：巫婆、怪兽、大灰狼，这些形象在他们的想象中十分常见，有助于他们理解善恶的概念，并学会管理自己的情绪。

显然，这不是一个容易的教导过程，孩子需要你的帮助，才能避免陷入恐慌，甚至发展成恐惧症，尤其是广场恐惧症，也就是对公共场所的恐惧。因此，回答孩子的问题是家长的重要责任，它是奠定孩子对父母信赖的基础。

> **家长要发出的信号是：**
> **"我是一个靠谱的信息来源。"**

● **如何应对令人尴尬的问题**

当孩子问出："他是死了吗？为什么要杀他？"如果你像很多父母一样，选择撒谎或含糊其辞，那你就会陷入上面刚刚提到的问题，可能会被孩子抓个正着，暴露你的不诚实。

对 4 岁的孩子说"我这是为你好"是没用的，因为孩子不会理解你的话。在死亡的问题上，孩子有各种各样的理解，而且还会不断变化。2 岁以前，他们完全不知死亡为何物；到了 11 岁左右，孩子意识到死亡的真实性和不可逆性，会对失去亲人感到恐惧和痛苦；而在 2 岁到 11 岁之间，他们会经历若干不同的阶段，这期间他们对死亡的神秘想象和具体认知（如骷髅、墓地等）并存，还会受到其他因素的影响，包括家长如何跟孩子谈论死亡、所在社会和文化对死亡的态度、孩子的个人和家庭的经历等。

最后，在细致分析了孩子的背景、年龄和敏感度后，对于"他是死了吗"这个问题，我的建议是直接回答"是的"。然而，绝不能简单地说完"是的"就任由孩子自行消化这个信息。我们还需要主动提问，询问孩子是否害怕，并说感到害怕是正常的，接着倾听他是否还有其他问题。

> 还有一件重要的事，
> 就是让孩子知道如果以后他还有其他问题，
> 都可以随时来问你。

得不到回答的问题会加剧孩子的焦虑。而一旦孩子知道可以对你无话不谈，他就不会再在心中存留任何未解决的问题。

另一个同样重要的方面，是向孩子指出暴力事件是异常的，重申这种做法超出了社会所能接受的范围及其所带来的后果。我们并不是要给孩子上一堂思想教育课，而是要传达这样一个信息：社会规则的存在是为了让我们能够和谐共处，一旦有人违反了这些规则，会给整个社会带来危害。

至于你自己，如果你想看新闻或觉得有必要看新闻，绝对没问题。但重要的是确保此时孩子不在场。如果孩子年龄尚小就拥有了社交网络账号的话，顺便检查一下孩子的社交网络是否含有不适当的内容，或者干脆让他暂时停用社交网络。鉴于当今世界冲突频发，避免孩子接触到大量冲击性的画面就显得尤为重要。

> **重要的是，家长要积极参与到孩子的网络生活中，**
> **和他们一起使用这些工具，**
> **并对他们进行正确的引导。**

互联网不仅仅是个游戏，也是一个极好的工具（例如用于获取信息）。但问题是，现在网上充斥着大量虚假新闻，孩子对此难辨真假。

如今，谣言不仅出自新闻网站，更是在社交媒体上进行病毒式的快速传播和扩散，常常无法追溯到它们的最初来源。一篇发表在《科学》杂志上的研究报告指出，在社交媒体上虚假信息传播的速度是真实信息的 6 倍，也就是说，虚假消息更有可能出现在孩子的智能手机上。

对于稍大一些的孩子来说，他们不仅需要信任，还需要理解信息的真相。在这方面，家长要向孩子传递一个信号，那就是很多话题并不是

禁忌，都是可以与父母自由交流的。他们在学校里会听到很多事情，其中有些是真实且合理的，而有些则完全相反。让孩子知道可以来找你讨论，这是至关重要的！

气候变化与生态焦虑

气候变化带来的焦虑

当今的 21 世纪，我们不仅没有远离战争的阴影，还面临着更多的挑战。这些挑战本身就已经相当棘手了，而它们相互结合时具有更大的破坏力。气候变化、生物多样性丧失和环境污染是我们这个世纪的三大主要问题。鉴于问题的复杂性，我们必须依靠国际合作与协调来共同应对。人类共同的敌人就是短视，即使明知这样做会对未来造成危害，人们还是更想要即时享乐。在面对这种全球性的无动于衷，很容易理解为什么年轻一代实在乐观不起来。

无论你的孩子是在上幼儿园，还是在准备高考，环境问题都是他们日常生活的一部分，有时甚至是他们最关心的问题。

在生活方式、审美、个人喜好方面，每个人都可以有自己的选择。而科学是基于客观事实的，并不是由我们主观上是否相信来决定的。摆在眼前的事实就是：你的孩子出生在一个正处在巨大变革中的星球上。21 世纪伊始，这个动荡的世界已经展示了它撼动我们日常生活和习惯的能力：新兴疾病（如寨卡病毒、埃博拉病毒、新冠病毒）的不断出现，极端天气事件的增多……而这还仅仅是在全球平均气温升高 1.2℃的情况下。

你的孩子初来乍到，不知道这个世界过去的面貌，但能预料到他生活的未来将会比现在的气温至少高 2℃。根据 2016 年签署的《巴黎协定》，全球各国共同努力的目标是将升温幅度控制在 1.5℃以内。而到目前为止，各国政府计划的在 2030 年前生产的化石燃料的数量，是把气温升高 1.5℃的两倍以上。

值得注意的是，法国的气温已经上升了 1.7℃。众所周知，全球变暖对世界各个地区的影响并不相同。在过去的 20 年间，热带地区受到了全球变暖的显著影响，而现在全球范围内受到的影响日渐显著。

由于地理位置的原因，法国受到大陆性、海洋性（受墨西哥湾流影响）和地中海气候的共同影响，被 GIEC（一个致力于提供气候变化科学评估和政策建议的国际性组织）确定为高风险地区，在未来几年将面临干旱、极端高温和洪水的威胁。

根据现在各国做出的承诺预测，到 2041 年，全球气温将上升 2℃，那时你的孩子将成为社会里的青壮年；而到 2081 年，气温将上升 2.7℃，那时你的孩子已经是花甲老人了。

要知道，到目前为止，预测气候变化的模型总是过于乐观的。你应该能感受到，一提到气候变化，人们总以为那是"遥远的未来，要等到 2100 年才会发生"。提供这些数据并不是为了让你完全陷入灾难性的情绪（尽管感到震惊是很正常的），而是帮你理解环境问题和未来的不确定性可能给孩子带来的忧虑。

如何帮助孩子应对生态焦虑

孩子如何处理这些信息，部分取决于家长。但就像所有其他事情一样，起到关键作用的，是孩子要在不同的环境（比如在家庭、学校以及和朋友的相处）中找到统一的价值观和行为标准。他要么就在日常生活中"采取积极的行动"，要么就被困在对家庭和社会责任之间的冲突中，从而发展出生态焦虑，同时失去对家长的信任。

 什么是生态焦虑？

> "生态焦虑"是一个新名词，指的是人们在面对环境问题的紧迫性与整个社会的无所作为之间的反差时，所感受到的焦虑。这有点像骑自行车时，你发现自己正朝着一条深沟直冲过去，却无法刹车时的恐惧。当今社会的不一致性和一些人（尤其是年轻人）的无力感加剧了这种焦虑。

当然，我们并不是国际能源公司或跨国银行的决策者（虽然有些家长确实是），但好消息是：我们有机会改变现状，就在日常生活中。

> 把问题带回到实施层面，
> 让我们每个人都成为改变的参与者。

比如孩子可以借此机会发起一个"步行代替乘车"的倡议，也就是大家一起步行去上学或者步行去参加课后的体育活动，这样就不会在周二晚上看到 16 辆车一起开动，就为了从学校到体育馆这 700 米的路程。类似的活动还有其他形式，比如与朋友一起参加附近森林公园的垃圾清理活动，动员父母在花园里放置一个可将厨余垃圾转化为肥料的堆肥箱，或者改变消费习惯……

当孩子看到周围发生的变化，他们会意识到事情正在向好的方向发展，并为自己能参与其中而感到自豪。这将创造一种新的思维模式：

我参与其中，我看到变化，我持续行动，这让我重拾对未来的信心，因为我发现这个世界并非不可撼动，我们终究是可以改变它的。

传染病大流行

既然疫情管控的日子已经过去了，我们为什么还要谈论新冠疫情呢？因为，就像所有危机一样，它对人们心理的影响只有在其平息之后才会显现出来。

法国新冠疫情第一轮的管控期开始于 2020 年 3 月，到了 9 月份，新学年开学在即，问题也随之而来。几个月来，外面的世界被描绘成危险的、充满病毒的地方，而现在每个人都必须回归这个世界，重新过上从前的生活，同时还要面对各种新出台的限制措施，这可不是什么值得高兴的事。

四年后的今天，这场危机的影响仍然清晰可见：对于孩子来说，越来越多的人对上学产生了恐惧；对于家庭来说，有人经历了病痛，有人失去了至亲，有人遭遇了经济或职业危机；对于医院来说，医疗系统已经到了崩溃的边缘，现在正处于悬崖边上……

我们能从这次疫情中吸取哪些教训

这次疫情让我们了解到许多事情：首先，一个我们始终坚信、视为真理、认为本就是这样、永远也不会改变的信念——这也是一代又一代的家长灌输给孩子的基本观念——彻底崩塌了，那就是：学习就得去学校。这好像是句废话，就像你说学游泳必须得下水一样显而易见。

然而，一夜之间，这种确定性消失了。学校通过无线网络悄悄潜入了我们的生活，而出不去门的家长不得不一边盯着学校发来的各种指令，一边处理自己的工作。这届小学生和中学生也发现，原来学习是可以换一种方式进行的。现在，孩子们待在家里，不用担心会有物理小测验或者在全班同学面前回答问题，更不用在全年级同学面前做一场关于古埃及的研究报告，反正这些同学对你讲的内容毫无兴趣，他们只喜欢给你挑毛病。待在家里，就可以躲开那个总是开我玩笑的四年级学生，就遇不到那个每周一早上都堵着我勒索 8 块钱午餐费的高二男生，就不用在公交车上被其他男生嘲笑我的衣服 30 分钟，还省去了每天步行上学的20 分钟……

一种全新的模式出现了。

对某些人来说，居家隔离期是一种意外的幸福时光，它带来了新的启发，成为生活中一段迷人的插曲。真正不受欢迎的是管控结束要重回学校的现实。从那时起，很多孩子每到周日晚上就出现肚子疼、焦虑和情绪崩溃的表现。

> 我想回到在家隔离的日子。
> 这样我就可以在家上学了。

这种经历的影响会延续到未来几年。孩子可能在小学三年级时经历了管控，等他到了五年级，学习或社会压力变大时，他们会想起这段经历：

> 你还记得吗？在新冠疫情期间，是
> 在家上学的，没有人来打扰。

　　孩子居家学习的日子，也许没有别人打扰，但更重要的是，根本没有"别人"！没有人教他社交技能，没有人教他如何在与他人的对比中塑造自己的个性，没有人反驳他，没有人帮助他准备演讲，没有人对他说"你好帅/你真好/你好棒"，没有人喊他周四放学后一起去打篮球，没有人和他讨论最新的电子游戏……这在当时都是完全不存在的。他唯一能感受到的是冰山露出水面的那一小部分，在他耳边大喊："没有人会评判你，无论是同学还是老师。不用担心成绩，也不用害怕被提问！"这种或多或少无意识的内心声音，加剧了他对学校的焦虑感。

现在，我既然知道了可以有其他选择，我也就知道了我的焦虑没有尽头。这才是真正的阻碍。

　　那些曾经根深蒂固的观念突然崩塌。简而言之，世界不再是一成不变的，这加剧了孩子对未来的焦虑。

　　除此之外，对于一部分孩子而言，居家隔离期是一个无法逃脱的"密闭地狱"。一些孩子发现自己被困在日复一日的日常生活中，只得独自应对。在此期间，家长对孩子、孩子之间和夫妻之间的家庭暴力行为大幅增加，其影响一直持续至今。

总之，这次疫情不仅给我们带来了集体创伤，对于一些人来说，它还带来了个体层面的深刻创伤。

如何帮助孩子应对疫情带来的心理影响

这次疫情导致许多孩子出现了学校恐惧症。更广义地说，它放大了之前已经存在的问题。因此，我们并没有一个通用的策略来帮助孩子应对疫情带来的心理影响。

家长要做孩子情绪的稳定器，并且密切关注他们的行为。特别是当你发现孩子出现明显的变化时（例如拒绝社交，出现睡眠问题、饮食问题等），请立即咨询儿科医生或全科医生。

第 3 章
如何排解
焦虑

本章要回答一个涉及面很广的问题。在回答这个问题之前，必须首先明确一点，如果说有什么是确定无疑的，那就是：

> 这里没有"单一"的解决方案，
> 而是多种可以帮助孩子在面对焦虑时
> 减少脆弱感的心理工具。通过这些工具，
> 他们将重新获得对周围生活的掌控感。

本章的目的是建立一个真正的心理工具箱，孩子可以根据自己的需要和喜好加以利用。没错，要充分考虑孩子的喜好，因为一个工具只有被使用才能起作用，而孩子只有在喜欢这个工具时才会使用它！道理很浅显，但容易被忽略。

另外，你很快就会发现，如果把这些工具单独拿出来看，可能显得有点过于幼稚，过于娱乐化，过于简单，甚至毫无作用。这很正常，而且，你是对的。工具嘛，如果单独使用，如果只使用一次，确实不会有什么效果。

我们在之前谈到过，孩子所处的学校环境中存在有害的竞争，所以我们将采取与此相反的方法，也就是通过合作来解决问题。这意味着，为了减轻焦虑，我们需要使用一系列的心理工具来重塑孩子周围的环境。这些工具要组合使用才能成为对抗焦虑的真正利器。

> 秘诀就是熟能生巧：我们要在一段时间内
> 频繁地使用这些工具。也就是说，
> 不是只使用一次两次，而是每当我们感到焦虑时，
> 就综合地使用这些工具，至少持续几个星期。

　　我知道这很麻烦，但至少你可以期待在一定时间范围内孩子的情况会有所改善。此外，相对于焦虑本身带来的不便和痛苦，这点麻烦也是值得的。

▶ 备注

　　使用这些工具需要时间和精力，而且得承认，这对家长来说也是一种精神上的负担。如果你指望孩子自己去思考，这几乎是不可能的。所以这种精神上的负担最好还是大家一起分担。否则，焦虑对孩子个人生活和心理健康的影响将持续几十年！情绪管理可不只是"孩子的事"，而是"所有人的事"！

　　此外，正如我们在前面提到的，焦虑不是一种脆弱或耻辱，而是一种病症。如今，每 8 个人中就有 1 个人患有心理健康问题。到了 2024 年，问题已经不再是我们是否有一天可能患上这种病，而是我们什么时候会患上这种病。

　　好消息是，我们现在就要去探索那些能够帮助我们减轻焦虑的辅助手段和工具了。

表达情绪的重要性

表达，就是找到"那个词"

用语言把焦虑表达出来，给这种情绪命名，能够帮助我们识别所感受到的情绪。当情绪有了名字，它就不再是某种神秘未知的东西，我们就更容易知道如何应对它。这样做不仅让我们安心，更重要的是能帮助我们管理情绪。

为了能够用语言表达，我们首先需要了解一些有关情绪的词汇。无论年龄大小，每个人都需要了解这些词汇。而且，如果想要处理焦虑和压力问题，最好是全面地了解所有的情绪。

在不同的理论中，会提及 4~8 种基本的情绪。如果我们列举最完整的说法，那就包括悲伤、喜悦、愤怒、恐惧、厌恶、惊讶、信任和期待。这些情绪被称为"初级情绪"，这是所有健康的人都能感受到的情绪。

在这些情绪之外，还有社会情绪，包括同情、蔑视、内疚、尊重、嫉妒、羞愧、尴尬和骄傲，这些情绪更多是人与环境，以及人与人不同情绪之间相互作用的结果。举例来说，爱是喜悦和信任相结合而产生的，攻击性是愤怒和期待相结合的结果（当一个情境还没有发生就让人感到愤怒，就会产生攻击行为）。

美国心理学家罗伯特·普拉奇克提出了一个"情绪轮盘"的模型。

焦虑可能与恐惧相关，它处于信任与意外两种情绪之间。不同程度的焦虑可以从轻微的担心到极度的惊恐之间变化。我们当然可以只关注焦虑这一情绪的分支，但既然有如此众多的成年人无法用合适的语言表达他们的感受，我们还是应该花点时间关注所有的情绪和感受。

给孩子提供这些描述情绪的词汇，并让他们具备识别各种情绪的能力，这是家长给予孩子的一份极其珍贵的生命礼物。

家长可以列出一张表来展示不同类型和不同程度的情绪。当然，孩子在一开始会难以区分某些词汇，这就需要你的帮助，把这些词汇变成孩子日常生活中的工具。

乐观　平静　友爱

关心　快乐　接纳

期待　信任

攻击性　狂喜　屈服

警惕　钦佩

不耐烦　生气　愤怒　惊恐　焦虑　担心

憎恨　惊愕

蔑视　厌恶　悲痛　意外　忧虑

厌倦　难过　不解

悔恨　伤感　失望

> 只有能用语言表达出来的感受,
> 才是能被他人理解的感受。

比如孩子说"在黑暗中睡觉会让我感到非常恐惧"可能就会比他说"我怕黑"能更好地传达信息,后一种是每个孩子在一生中都至少说过一次的话,因而往往会被家长忽视。

我们可以为每种情绪寻找一批同义词,或列举出表示同一种情绪但是不同强度的词语,从而扩展表达情绪的词汇范围。

▶ **喜悦:** 庆幸、幸运、欣喜、愉快、满足、热情、陶醉、欢欣、美妙、圆满、幸福、神采奕奕、狂喜……

▶ **惊讶:** 吃惊、赞叹、印象深刻、意外、困惑、难以置信、大惊失色、瞠目结舌、触目惊心……

▶ **愤怒:** 困扰、不耐烦、愤懑、嫉妒、恼怒、恼火、愤愤不平、暴跳如雷、狂怒、勃然大怒、怒不可遏……

▶ **恐惧:** 不安、担忧、警惕、关切、危急、焦虑、纠结、惊恐、尴尬、胆怯、惊悚、惊慌失措……

▶ **悲伤:** 失望、难过、脆弱、失落、痛苦、灰心、疲惫、沮丧、压抑、忧郁、惆怅、哀伤、绝望……

▶ **厌恶:** 恶心、羞辱、轻视、反感、厌倦……

这些词汇能帮助我们理解:情绪是可以在一个巨大的区间内变化的。我们可以借此机会与孩子一起进行探索。例如,我们可以在一周内搜集与某一种情绪有关的所有词汇,然后下一周换另一种情绪。我们可以盘点那些我们熟悉的词汇，这会很有趣，尽管有些词汇可能并不是最终需要保留的。

现在我们已经掌握了一些描述情绪的词汇，接下来就需要了解如何表达我们对焦虑的态度，用语言表达出我们在面对焦虑时想要做点什么。

重新设定最初的目标

当孩子感到焦虑时，他将其视为一种消极的事物，并习惯性地想要与之对抗，于是上演了"不是鱼死就是网破"的大对决。这种想法是大错特错的，因为你永远无法在与焦虑的对抗中获胜，这是由其"波浪"的特性决定的。而且你的焦虑越多，你可用的心理能量就越少。

> 只有改变对焦虑的看法和处理方式，
> 才能更好地帮助孩子应对焦虑：
> 我们的目标不是对抗焦虑，而是去驯服焦虑。

为什么"对抗"和"驯服"会产生完全不同的结果呢？如果我们从"对抗"的角度出发，就意味着只有消灭焦虑，我们才能获得成功。因此，每当孩子再次感到焦虑时，无论焦虑是强还是弱，之前的对抗都会被视为一种失败。而失败意味着对自己失去信心，对改变事情的能力失去信心。这很容易使孩子陷入一种负向的循环，让他觉得这种情况永远都不会得到改善。我们绝对不能强化这种思维方式。

如果我们从"驯服"的角度出发，那么目标就截然不同。我们很快就会理解，这个过程最重要的就是时间和行动。让我们把这比作驯服一只小动物：第一步是先让它能够接受你，也就是当你出现时，它还能该干什么干什么。你不可能一上来就扑过去直接撸它！

对于焦虑，也是同样的道理：你的目标不是完全不再感到焦虑，而是能够在感到焦虑的情况下依然完成你计划做的事情。我猜你的孩子可能会这样说：

是啊，我依然感到焦虑，那就说明我没控制住焦虑，那我这次又失败了！

目标不是消除焦虑本身，而是完成想要达成的目标，比如通过地理课上的小测验，和隔壁班的女孩说上话，在面包店点一个牛角面包，或者迷路时去问路……

这意味着，要想真正消除焦虑，我们需要重新定义目标，关注最初的目标，而不是感受到的焦虑。通过将注意力重新集中在目标上，而不是焦虑上，我们避免了给焦虑过多的关注和重视。我们削弱了焦虑本身，这样它就不会在我们生活中占据重要位置！

> **所以真正的目标就是：**
> **完成原本计划要做的事情，**
> **而不是被焦虑所影响！**

这意味着，允许自己感受到焦虑，但不让焦虑阻止我们完成本来计划好的事情。这是战胜焦虑的第一步。

别担心：我们并不是要让你一辈子都生活在困境中，饱受焦虑之苦。正是为了减轻焦虑的痛苦，我们需要花费必要的时间。因此，我们首先要学会了解它，掌控它，这样一点一点，焦虑就会被削弱。

我们已经掌握了一定的情绪词汇，也重新定义了目标，现在就像《小王子》中的小王子对他的狐狸做的那样，是时候向焦虑伸出手了！

驯服焦虑而不是消灭焦虑

为了达到这个目标，我们需要从几个方面入手：

→ 将目标与感受到的焦虑分离。

我的目标是在地理课上做演讲，而不是不感到焦虑。所以只要我最终完成了演讲，即使感到压力很大，我也是成功的。

→ 剖析自己的焦虑，找出焦虑发作时的每一个细节：焦虑的症状及其发展顺序。

当我感到紧张时，首先，我会心跳加快，然后，我会手心冒汗，呼吸变得急促，有时我的腿还会发抖……

这种反应顺序因人而异，但也有共同点。总体来说，这些症状在每个人身上都会出现，但具体表现方式不尽相同。

然而，无论是正在参加地理测验（看来这个考试真是令人头疼），还是向一位老朋友解释自己在学校都做了什么，孩子的生理或心理感受（有时两者会同时发生）几乎总是相同的，这正是关键所在。因为在驯服焦虑的过程中，我们将通过反复练习和适应，帮助孩子对这种情况脱敏。

但要注意：我们不只对他在特定的那家面包店里买面包的事情脱敏，因为如果有一天孩子去了另一家面包店，或者有一天他要去菜市场，他又会感到焦虑，他会说：

这可不是一回事。

事实上，他是对的，环境总是千变万化。然而，有一件事是不变的，那就是当他在这类情境下感到焦虑时，他的身体和心理的感受总是相似的。这就是为什么这一连串的感受可以从一个麻烦变成改变的动力，它可以变成一种孩子熟悉的体验。

一旦我识别出了我的情绪，一旦我知道我有了情绪，我就不那么害怕了，然后我就可以想办法来减轻这种情绪。

另外，尽管你向孩子介绍这些工具时，他可能年纪尚小，但他会终生受用，因为每当他在不同情境下产生了同样的感受时，他就可以使用这些工具。事实上，有一件事是确定的，那就是孩子一生中感受到的焦虑都是一样的。这并不是说他一生都会焦虑，只是说，每当他感到焦虑时，都会有相同的感觉出现。

将焦虑的感觉
转化为一种熟悉的体验。

实话实说，焦虑总不是一件好事，但至少在艰难的时候（比如高考、年终考核、分手的时候……生活中总不缺少有压力的时刻），你的孩子能够识别自己的感受，然后使用这些工具。这样做他就不会过于脆弱，而是能够轻松地应对各种状况。

焦虑感的分解

就像任何事物一样，只要仔细观察，焦虑感的神秘面纱也可以被揭开。

如果我学会了识别不同阶段的焦虑感，我就能知道自己正处在焦虑的哪个阶段，尤其是知道我什么时候正处在焦虑当中。

我会首先感受到心跳加速，接着呼吸变得急促。我知道，接下来我的下颌会紧绷，然后手会开始颤抖。再接着就会有短暂的头晕。头晕是最难受的，但持续的时间不长……

我需要坐下来，谁也别来打扰我。慢慢地，我双手的颤抖会停止，呼吸也会变得平稳，然后下颌会放松……不过我的心跳还是一直很快，它持续的时间最长。

这就像是一个乐队的乐谱，由章鱼皮皮拿着指挥棒！每个乐器都有自己的节奏，表演自己的独奏，有时会和下一件乐器配合，继续演奏一会儿；有时会重复一遍，但最终都会在一个节拍结束。

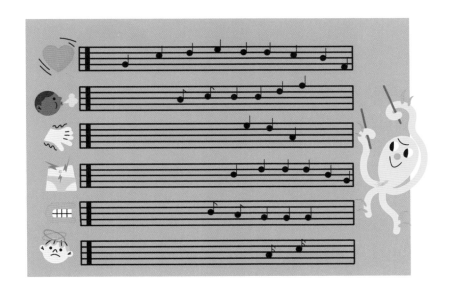

　　为了让孩子更容易理解，可以为他的焦虑制作一份乐谱，每一行都代表身体的一个症状。在第 1 行，我们画上最先出现的症状，可以画成一个小图标。在第 2 行，我们画上第 2 个出现的症状，依此类推。

　　最后，孩子会有一张关于自己感受的视觉化的记录，有点像地理学家在大探险时代绘制的未知海岸线的地图，让孩子成为他自己焦虑感的探索者！

　　重要的是利用每个阶段来进行正面的强化。让我解释一下：通过了解自己焦虑发作的规律，孩子就可以知道每一次焦虑开始的时间点。然后他就能够利用这些知识，在焦虑发作的时候给自己提供安慰。因为他能够预见到焦虑的每个阶段，他只需跟随"乐谱"就行了！

当我感受到焦虑开始泛起时，我知道，如果这种感觉继续下去，再过一会，我的心跳就该加快了。

当孩子开始感觉到心跳过快时，他可以对自己说：

哦，果然，我就知道会这样。

这样孩子的心里就不只是接收到"注意啦，有倒霉事要发生了，我的焦虑又要发作了"这样的负面信息，而是还有"我知道接下来会发生什么，这没什么大不了的"。这个信息是孩子发给自己的，他从中可以得到自我安慰。

随着每个阶段的进行，孩子可以在他的"乐谱"上跟踪这些阶段，对焦虑的发展过程了然于胸，并期待一个美好的结局，也就是最后焦虑发作的终结。所以说，我们正是在利用焦虑自身的发展规律来减轻焦虑带来的影响。

▶了解更多

　　使用这种方法不需要焦虑真的发作，只要有对焦虑的感知，不引发焦虑也是有效的！

　　为了能够用这项工具调动自己，你需要关注自己生理上和心理上的感受。这不仅有助于练习这项技能，还可以让你接下来要进行的放松练习更加高效。

自我感知

　　自我感知是一个重要的概念，它让我们觉察到自己的身体，并尽可能地尊重它，关注它发出的信号，比如疲惫、寒冷。这些信号很简单，但常常会被孩子忽视。有多少次孩子说他一点也不冷，但却手脚冰凉？有多少次孩子说他一点也不累，但脑袋一挨枕头就会立即入睡？

　　当然，作为成年人，我们理解孩子只是不想睡觉，想和我们，也就是和亲爱的爸爸妈妈多待一会儿，或者只是想再玩一会儿。但教会他们关注这些身体发出的小信号，能让生活变得简单：不是因为爸爸让你穿外套你就必须穿，而是你那没有皮毛、鳞片或羽毛的裸露身体需要保暖；也不是因为妈妈说该睡觉了就得上床，而是你身体里能量的沙漏早已漏完。

　　这对孩子今后的工作也是有益的，能够察觉到自己是稍感疲惫、力不从心还是已经心力交瘁，从而设定合理的界限来保护自己，这是非常重要的能力。在生活上也是一样，孩子长大后会清楚地知道一旦在聚会中喝了酒就不能开车。

如果你在睡觉前不检查 6 次窗帘后面有什么，最坏的情况会怎样？

那我就会睡不着。

如果你睡不着，最坏的情况会怎样？

那我明天就会很困。

如果你明天很困，最坏的情况会怎样？

那明天我就不能好好考试。

如果你没能好好考试，最坏的情况会怎样？

那我就会得到一个很差的分数。

如果你得了很差的分数，最坏的情况会怎样？

那我就会得到一个很差的期末成绩。

如果你期末成绩很差，最坏的情况会怎样？

那我就不能做我喜欢的工作。

如果……

那我就会因为不能做喜欢的工作而失去幸福。

如果……

失去幸福，这可不是什么好事。

连环提问法

连环提问是一种技术，它可以揭示隐藏在孩子焦虑背后的灾难性思维。我们通过反复提出一个简单的问题"最坏的情况会怎么样"，让孩子在回答中逐步消除那些难以言表或不容易解释清楚的障碍。

我们之所以称之为连环提问，是因为我们会在每次孩子回答完问题之后，都再次抛出同样的问题。

这种连环提问法，虽然看起来有点烦琐，却有助于揭示孩子在出现强迫症（例如上面提到的例子）或焦虑症时，大脑中无意识的思维过程。家长一旦看清了这种思维方式，就能找到可以打破这个恶性循环的办法。

我们会和孩子一起寻找所有可行的解决方案来改变结果。我们会想办法来帮助孩子更容易入睡，即使没睡好也可以应对考试，还可以通过提问来更理性地看待这些问题：

你真的确定，一次考得不好就能让你做不成自己喜欢的工作了吗？

成绩单上会记录很多次考试的分数，如果你这次考得不好，有没有可能用下次考试的成绩或者之前考得好的分数来弥补？

生活中的幸福感来自哪里？是不是只有工作才能带来幸福？

可能你也发现了，这些改变需要时间。是的，我完全同意，因为我
们要重新构建那些导致孩子焦虑的自动化的神经反应。

> 事实上，心理路径不是一两天形成的，
> 我们需要时间来给心理路径重新编码。

这就像植物的生长需要时间：我们种下一颗种子、浇水、晒太阳，
然后需要等上几个月才能看到它长大、开花。重建心理路径也是一样，
是需要时间的。

应对焦虑的工具箱

想要学会控制自己的焦虑，我们可以使用一系列的小工具。这些工
具有几个目标：

→ 第一个目标，当然是减少焦虑的情绪。

→ 第二个目标，即使在焦虑时也不再感到无能为力。这点至关重要。

目前，传递给代表焦虑的章鱼皮皮的信息是这样的：

这是你的地盘！你想干什么
就干什么，我绝对不阻拦你。

我们面对的是一种肆意蔓延的焦虑，它想做什么就做什么，并且经常泛滥成灾，尤其是在孩子感到疲倦或者面对某种新情况而感到不安时，比如学校开学、重要考试或者生活中发生重大变化（如搬家、生病、宠物去世等）时。因此，我们需要学会控制焦虑。

如果章鱼皮皮看到我有这么多办法，它也就不会来找我的麻烦了。

这些工具的效果不会立竿见影，它们不能像魔法棒一样让章鱼皮皮瞬间消失（如果真能这样可就太好了）。但是，长期、系统、持久地使用这些工具是摆脱过度焦虑的最佳途径。如果你正在读这本书，那就说

我不想去面包店买面包。

我不想上学。

我不想在黑暗中睡觉。

我今晚不想睡在奶奶家。

我不想出门。

我不想坐公交车／地铁。

明你的孩子在处理焦虑这种情绪上遇到了问题。也就是说，焦虑正在控制他的行为……

很快我们就会发现，焦虑问题在于它阻碍了决策和行动，同时还让受害者觉得这是他们自己的决定。然而事实并非如此！如果一个青少年把自己关在房间里不想出来，这可不是他自主的选择。

焦虑就像一个可以开关的阀门。我们需要的并不是一个强大的工具，而是一个能够帮助我们打通这道阀门的工具。这有点像水面：无论你离水面有多近，只要沉到水下 5 厘米，你就会被淹死；一旦你能够跃出水面，就可以呼吸。对于焦虑来说，情况有点类似：我们并不需要超人般的力量来突破焦虑的障碍，我们只需要把阀门拧到"开"的模式。

因此，让我们想象一下：有这样一个工具箱，孩子可以从中挑选出他们最喜欢和最适合的工具来使用。

工具1 三种放松练习

以下的放松方法是应对焦虑的基本工具。这里将介绍三种放松方式，但其实类似这样的工具你想要多少就能有多少。我们这么做是想给你提供一个基本的工具包，让你能够从中挑选感兴趣的，从而慢慢构建自己应对焦虑的小小的工具库。

这种放松的方法分为三种方式：肌肉放松、呼吸放松和心理放松。因此，这个过程分为三个渐进的动作，而从时间上则分为两个阶段：

▶ 第一个阶段，我们要定期使用这些工具，这样能减少焦虑带来的负担，也就是减轻焦虑的感受。换句话说，这些工具应该每天定时操练，不用等到焦

虑突然发作时再使用。

　　▶ 第二个阶段，我们就可以在焦虑发作时使用这些工具了。需要注意的是，孩子能在焦虑时熟练使用这些工具的前提，是孩子在不焦虑的情况下已经掌握了操作方法。这就是为什么第一阶段的定期练习那么重要了。要想让这些工具起效，就必须让它们成为一种条件反射。也就是说，孩子需要对这些工具了如指掌，需要时信手拈来。因为当章鱼皮皮紧紧缠绕住我们的时候，我们可没法在认真思考以后再行动！

　　这三个小练习可以在一天中的任何时候进行，根据家庭和个人的情况来选择合适的时间就好。由于焦虑的孩子往往在入睡时会有一些困难，我建议在睡前进行练习。让孩子在床上仰面躺好，关上灯进行练习，不超过 10 分钟就能入睡。

不过，如果某天早上，你觉得孩子正在为当天的历史考试里关于美索不达米亚的问题而焦虑时，你也可以建议他在起床后或者上学前做这些练习。

● 肌肉放松

第一个练习是肌肉放松，目的是消除我们日积月累的肌肉紧张。这些肌肉紧张与日俱增，就像是一个不断上升的楼梯。

当孩子感到焦虑时，通常会紧张地咬紧牙关，甚至磨牙。简而言之，这是颞下颌关节（就在耳朵下面）周围产生了肌肉紧张。由于人体所有的肌肉、骨骼和韧带都是相互连接的（这就是为什么我们能够站起来，否则我们只是地上一堆无法移动的器官），所以这些紧张很快就会传导到颈部，然后是背部，最后扩散到全身。

为了避免这种情况，最好的办法是单独放松每个肌肉群 10 秒钟。请放心，这可不是要在睡前进行激烈的体育锻炼（睡前运动并不是个好主

意，因为运动通常会让人兴奋，这可不是我们在睡前所追求的效果），而只是为了放松不同部位的肌肉。

▶ 我们从上背部开始，因为这个动作需要坐着进行。我们的目标是收紧肩胛骨下方的肌肉，这个肌肉群通常不太活跃。为了激活它，请孩子把两个胳膊肘在胸前碰到一起，然后尝试在背后也做到这一点。

注意，我说的是"尝试"，因为一般来说，我们是无法真正做到的。试着在背后让两个胳膊肘尽量靠近，这会调动整个上背部和肩部的肌肉。

▶ 我们数到 10，期间收紧这些肌肉，10 秒钟后再放松。在肌肉极度收紧后完全放松，能带来显著的放松效果。

▶ 接着，我们躺在床上盖好被子，继续放松其他的肌肉群。我们从腿开始：首先是右腿（当然也可以是左腿，这其实无所谓），尽可能用力收紧右腿的所有肌肉，持续 10 秒钟。腿不要动，只要收紧肌肉。10 秒钟的极度收紧后，彻底放松，不要再动刚刚发力的腿，让它自然地陷入床垫。

▶ 下面换另一条腿做同样的动作，然后是两只胳膊（逐一进行），接着是腹部肌肉，最后是颈部和面部的肌肉。我们可以让孩子做一个夸张的龇牙咧嘴的表情来放松面部，持续 10 秒钟。

在练习结束时，孩子可能会失去自身的本体感觉（也就是对身体位置和姿势的感觉）。他可能会感受不到身体的存在，或者有一种飘飘然的感觉。不用担心，这种感觉挺不错的，而且只要动动手指或者脚趾，感觉就会立刻恢复！

本体感觉是什么?

本体感觉是一种身体的深层感觉。它通过遍布全身的神经传感器，掌握我们身体在空间中的位置和姿态。当我们坐下时，我们可能并没有意识到，但我们的背部能感受到椅背，我们的大腿肌肉和双脚也在接收身体对地板施加压力的感觉信号。所有这些信息能够在大脑中构建出身体在环境和空间中位置和姿态的图像。

● **呼吸放松**

做完肌肉放松练习后，我们继续进行呼吸放松练习。你可能在其他地方读到、看到或听到过呼吸放松。这是一种基本的方法，目的是通过控制呼吸来对身体产生镇静的效果。这也是为什么它排在肌肉放松之后：肌肉放松练习已经让身体放松了，通过呼吸放松这个练习，我们可以进一步松弛下来。

这个方法要每次坚持大约 15 个呼吸周期，一个呼吸周期包括一次吸气和一次呼气。它的目标是让呼吸变得缓慢、深沉和有规律，无论孩子是用嘴巴呼吸还是用鼻子呼吸都无所谓。

此外，具体的方法和技术可以千变万化，因此我倾向于让孩子选择他喜欢的方式进行。是否要在两个呼吸周期之间屏息停顿，这也是可以由孩子自行决定的。我们可以让孩子想象：随着他的一吸一呼，空气从喉咙进入肺部，然后再出来的过程。

正如我们前面提到的，这个练习的目的是对生理功能产生镇静作用。

生理功能指的是身体内部的生理运作。在呼吸的过程中，有三件事情对我们讨论的焦虑问题非常重要。

▶ 第一，缓慢而深长的呼吸能够促进抗压激素的分泌。太好啦，这正是我们所追求的目标！

▶ 第二，心脏的位置是非常关键的，它位于两肺之间。当孩子深长而缓慢地呼吸时，这会降低心率。虽然心脏和肺的工作节奏并不完全不同（心脏在静息状态下每分钟跳动大约 70 次，而肺则每分钟呼吸 20~30 次），但是二者都受到同一个"指挥家"的调控。心脏在"演奏"中更像是"第一小提琴手"的角色，负责给出节奏。而呼吸的节奏也可以反过来影响心率。

虽然呼吸练习并不会带来多么剧烈的变化，但如果我们可以稍微降低一点心率，身体也就可以进一步得到放松。

▶ 第三，就像焦虑一样，呼吸是一种自动化系统。控制呼吸是我们与生俱来的能力。比如当我们在潜入水下或者穿过气味难闻的地方时，会自动屏住呼吸。

通过训练和有意识地控制呼吸来干预和调整这种自动化反应，可以增强我们对自我控制的信心，提升控制焦虑的能力。特别是现在，孩子知道通过控制呼吸可以按需分泌抗压激素，这是一举两得的好事！

现在，孩子仰卧在床上，缓慢而深沉地呼吸，有时他会打个哈欠，这很好。下面我们将进行心理放松，这会带他来到他最喜欢的地方，让他进入梦乡。

● 心理放松
心理放松不是让孩子单纯地想一个他喜欢的地方，而是运用五种感官，试着去感受如果他真的沉浸于自己喜欢的地方，会有什么样的感觉。

他最喜欢的地方可以是现实存在的，也可以是虚构的；可以是记忆中的，也可以是科幻小说中的场景。是的，哪怕他从未去过，想象自己在月球上或者亚马孙森林的树冠上也是可以的，他还可以每天变换不同的地方。

一旦孩子能够在脑海中描绘出自己在夏日的骄阳下，茂密的草地上（孩子们常常会选择一些大人看似奇怪的地方，不过只要他喜欢，即便是草地也是好的），我们就可以引导他去体验这种感觉了。

我们请孩子来回答以下这些问题，如果孩子还很小，可以稍微帮他一下。

你听到什么了？

你看到什么了？你热吗？你感觉怎么样？你能感受到太阳照在皮肤上的温暖吗？

我们逐一探索这五种感官：视觉、听觉、触觉、嗅觉和味觉。我们还会加入第六感：幸福感。别忘了，这里应该是孩子最喜欢的地方！最后一项练习没有特定的时间限制，孩子通常会在这个状态下慢慢进入梦乡……

父母也可以有自己的空间

总有一些小淘气会想尽办法，通过白天讨好你来争取晚上赖在你床上的机会，他们会说那里是他们睡得最好的地方。"我最喜欢的地方就是你的卧室啦，妈妈／爸爸。"我们不能责怪他，因为我们也在自己的（没有孩子在的）卧室里睡得最好。因此，家长不必妥协，可以引导孩子把注意力转移到其他令人愉悦的事情上，比如最近一次去度假、他最喜欢的书……

第一个肌肉放松练习，让人失去本体感觉，是一种消除身体物理感受的方法。而心理放松练习通过探索孩子最喜欢的地方，试着加入了一些新感觉，最好是积极的感觉。因此，这三个练习应该按照书中建议的顺序逐一进行。

这三个练习有双重好处：一方面，它有助于缓解孩子入睡困难的问题，压力过大的孩子常常会出现这个问题；另一方面，它还能减轻孩子焦虑的感受。为了达到这两个目标，我们建议尽可能地定期进行练习。在感觉压力加剧的时候，可以每天晚上做。在感觉良好的时候，可以降低频率。

重要的是，孩子要在练习过程中保持愉快的体验，而不要让练习变成一种负担，否则可能会导致孩子对练习敷衍了事，从而失去效果，甚至适得其反。

工具2 ACARA 法

ACARA 是一个缩写，就像 VIP 或者 UFO 一样。把若干单词的首字母连在一起，能够帮助我们记住行动的步骤和顺序。你不需要马上就把它背熟，只需要定期和孩子一起念一念，这样他就会慢慢记住，然后变成一种条件反射，每当他感觉到焦虑来袭，章鱼皮皮开始收紧它的触角时，就可以按顺序进行练习。

● A 代表接受焦虑

接受焦虑，意味着接受焦虑带来的身体和心理上的感受。面对焦虑，大多数孩子都会本能地、不自觉地想要阻止这种感受。但我们已经看到了，这种努力其实是徒劳的。当孩子试图阻止这种感受时，他会瞬间耗尽自己储备的心理能量。这就是为什么每当焦虑爆发后，孩子会在一小段时间里疲惫、茫然、什么都不想做。一般他需要几秒钟到几分钟的时间，才能重新控制自己的思维和身体。

我们可以把人一天的心理能量比作一块电池。一场焦虑大爆发能在瞬间耗尽所有电量。因此，接受焦虑的感受，不再徒劳地耗散有限的精力去抵御它，不失为一种明智的策略。

这样做有两个好处：

▶ 如果你的孩子接受了焦虑，这意味着他不再需要与焦虑做斗争，从而保存自己的心理能量，避免在焦虑程度过高时出现那种无所适从的阻塞感。

我接受焦虑，这意味着我的事情我做主，而不是我的潜意识做主，也不是章鱼皮皮做主。我不再是焦虑的被动受害者，而是主动应对者。是我选择了不抗拒。

137

▶ 接受焦虑也是一种语言上的表达，是向孩子的潜意识传递信息。

我们都清楚地知道，接受焦虑并不会让焦虑带来的痛苦消失，但这毕竟是迈向终极目标，也就是消除或减轻焦虑的第一步。孩子需要认知上的转变：

我接受我的焦虑，确实，这不好受，但也没什么大不了的！

说起来容易，做起来难！再次强调，这些工具的效果看似微小，但要想学会管理焦虑、控制焦虑，就要把这些微小的效果积累起来，最终才能够战胜焦虑带来的挑战。

▶ 小提示

在这本书里，我们会向你逐一介绍每种工具。重要的是，你也要对孩子采取同样的做法：每次只向他介绍一种工具。这样他就能在彻底掌握一种工具并形成条件反射后，再与其他工具结合使用。

道理很简单，因为孩子焦虑的时候，并不是他们思考的最佳时机。可以说，当压力过大时，他们的思维就会被卡住。正因为如此，我们才需要非常简单、易于付诸行动的工具——这也是让工具成为条件反射和使用便捷工具的重要性所在！

● C 代表思考与量化

这个方法就是给焦虑的感受打分。为什么要打分呢？因为通过量化评分，孩子可以将自己的感受从主观的评价转向更客观的评估。在这个过程中，我们会要求孩子像旁观者一样观察自己。在某种程度上来说，这有点像一种"失现实感"的体验（也叫作"人格解体"）。

通过观察自己脸上的表情，审视自己的行为举止，孩子看到了自己的焦虑，并给它打分。我们可以把这当作一种游戏，甚至可以制作实物道具，比如从 1 到 10 给卡片编号，或者像疼痛评估量表一样制作一个焦虑评估量表。

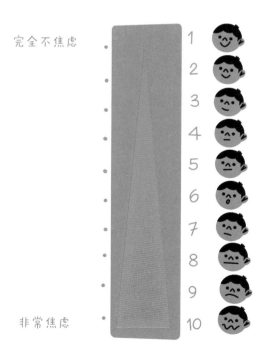

完全不焦虑

非常焦虑

首先要做的就是打分并记住它。

哇哦，这种焦虑感，满分
10 分的话，现在是 7 分。

如果孩子太小怎么办？

如果孩子还不会数数，那么他可以通过看表情图标来评分，
比如上一页的图里就有越来越焦虑的表情。

● 第二个 A 代表与焦虑共存

与焦虑共存，这意味着尽管孩子感到焦虑，他依然能够完成他原本
要做的事情。也就是说，即使孩子对于去面包店里买一个牛角面包这件
事感到紧张，他还是能够去做。虽然这意味着焦虑的痛苦感仍然存在，
但正如我们所看到的，要想缓解焦虑并最终使它消失，就必须经历这个
过程。

要做到这一点，需要在焦虑感愈演愈烈之前积攒自己的心理能量。

孩子需要接纳焦虑，
不但不能被焦虑的浪潮淹没，
还要与之共舞。

这有点像是海浪要拍过来的时候，不是在风口浪尖上与之硬碰硬，而是试着跳起来，然后让自己跟随波浪的起伏游走。这不一定多有趣，但通常可以避免呛到水或者沉到水面以下——这个说法既有字面意思又有隐喻的内涵。以前，如果孩子遇到害怕的事情时，他会下意识地逃避，但现在，他将有能力向前迈进。

举个例子，对于一个恐高的孩子来说，如果我们让他过桥，通常他会在桥头停下来，无法前进一步。如果他能够"与焦虑共存"，他就会在小桥上往前走几步，即使这仍然让他感到紧张。这时，新的困难出现了：当他意识到自己正在小桥的中间，他可能会再次陷入过去对此情此景的应对模式中。这意味着他可能会停滞不前，甚至中断行动。

● R 代表重复

这将我们带回到起点，所以我们又回到 ACARA 的第一步：接受焦虑。孩子在小桥的中间，他意识到自己正处在焦虑的漩涡中，又一次被困住了。这时他需要提醒自己"接受焦虑"，再一次对自己说："确实，这不好受，但也没什么大不了！"

我决定接受焦虑。

走出困境后，回到第二步：ACARA 的 C——思考与量化。为什么我们要再次给焦虑打分呢？因为焦虑程度的发展变化具有这样一种特征：它在发作初期会迅速到达峰值，此时身体会开启"自动应对模式"，表现为心跳加速、呼吸急促或其他一些症状，然后焦虑水平会逐渐下降。

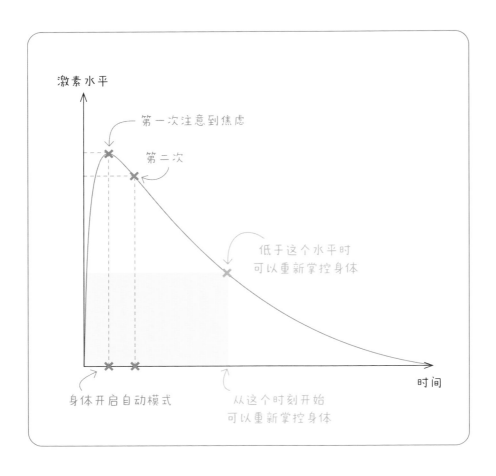

因此，花点时间重新给自己的焦虑打分是非常有用的。因为从时间上看，从焦虑初期第一次打分算起，已经过去好几分钟了，这足以让焦虑的感受发生变化，进入到其下降的阶段。

即使只是从 8 分降低到 7.5 分（最强是 10 分的话），也能帮助孩子确认自己正朝着正确的方向前进，从而增强信心，重新掌控局面。正如我们在第 1 章中所了解到的，这并不是说孩子不再感到焦虑，而是他慢慢能够更好地控制焦虑带来的症状。

既然我给焦虑打的分变低了，说明我是可以与焦虑共存的，我可以过桥了！

我们正是借助不断地在小胜利中获得的正面强化，才能度过最艰难的阶段。

● 最后一个 A 代表展望美好的未来

ACARA 的最后一步：展望美好的未来，这意味着把那些孩子最害怕的灾难性的想法统统摒弃。其实只要仔细想想就会发现，这些灾难性的想法在过去从未应验，而且，从理论上说，在未来也不会成真。

补充说明

对于上面的做法，有一点需要提醒：如果孩子因为惧怕被困在电梯里而拒绝乘坐电梯，那你最好不要用"这种情况永远不会发生"作为论据来说服孩子，因为他被困在电梯里的可能性始终存在，尤其是当你们生活在城市里时。同样不幸的是，在学校被欺负的可能性也是一直会有的。所以，你可以向他解释："如果我们能试一试，你很快就可以在需要的时候乘坐电梯了。"或者："咱们换一种方式与欺负你的人沟通。"

在本章中，我们将看到多种可以同时使用的工具。ACARA 工具在面对困难情况时尤其管用。就像所有的暴露疗法一样，我们要从头开始。面对电梯恐惧症的第一步就让孩子能够呼叫电梯，并看着电梯门打开。

值得注意的是，这样做完全不会有困在电梯里的风险。第二步，我们的建议是带着孩子走进电梯并按住按钮不让电梯门关上……然后逐步深入，直到孩子能够安心地乘坐电梯。

关于这个工具，我们就先介绍到这里。对孩子来说，需要理解的内容已经够多的了。可以让他试着用自己的话复述一下 ACARA 是什么，有什么用，以及他对此的看法。这样做的目的不是背下来，而是要理解。我们可以时不时地让他说说这几个字母代表的含义，如果他忘了，可以和他一起复习。

接受焦虑（A）

思考与量化（C）

与焦虑共存（A）

重复（R）

展望美好的未来（A）

我们继续学习接下来的工具。还是同样的原因：我们不是在学习一门课程，而是在尝试重建心理的条件反射机制，这需要时间，得一步一步来！

工具 3　美好结局法

美好结局法就是利用对焦虑演变过程的了解，在我们需要的时候，也就是在焦虑不断增强时，能预期到最终会有一个美好的结局。为什么之前我们说知道自己在焦虑"乐谱"上处在哪个位置非常重要呢？因为这样我们就能知道，在此刻感受到焦虑之后，会有一个平静的阶段，这就是那个美好的结局。

是的，结局终将是美好的，因为那些灾难性的想法很难成真，这有点像好莱坞电影：尽管过程是曲折离奇的，最后的结局还是皆大欢喜的。需要注意的是，我们可以在焦虑的"乐谱"结尾处画一个图标表示美好的结局，并用一个大箭头指向乐谱的开头。

孩子在不焦虑的时候，他完全可以理解：在每一次危机之后，总会有一个峰回路转的时刻。但在焦虑的时候，他无法思考。而我们需要教会他在这种情况下如何思考。一切都取决于对焦虑感受的熟悉程度。

工具 4 拟人法

　　将焦虑拟人化是一种利用孩子的想象力来应对焦虑的工具。具体做法是让孩子赋予焦虑一个角色，这个角色可以是真实存在的，也可以是想象中的。你大概已经猜到了：这里我们说的就是章鱼皮皮。我们的章鱼皮皮是一只巨大的章鱼（当然它也可以是其他动物或其他概念）。当孩子感到焦虑时，那就是章鱼皮皮来拜访他了，是章鱼皮皮引发了焦虑。

> 这种拟人法可以让孩子将焦虑的责任
> 从自己身上分离出来，这样孩子就不会
> 因为感到焦虑而自责。

都是章鱼皮皮的错，
它又来找麻烦了。

> 这也为与焦虑（章鱼皮皮）
> 进行对话创造了条件。

又是你？你想干什么？

　　不要忘记，焦虑从本质上来说是一种预警信息，一种旨在帮助我们
应对潜在危险的保护机制。这个出于善意的东西，最终却成了累赘。这

有点像迪士尼动画电影《花木兰》里那只红色的木须龙。焦虑就像这条小龙：它充满热情，试图保护我们，但有时反而会制造更多的麻烦。

当我们找好了这个小角色（比如章鱼皮皮），我们就要开始和它对话了。可以让孩子选出心目中焦虑的化身，但最好不要选一个太吓人的形象。对话的目的不是让孩子更害怕，而是使孩子与焦虑保持一定的距离，并让他重新掌控局面。

在与章鱼皮皮的对话中，孩子可以批判性地看待自己的情绪，因为此时焦虑已经不再是孩子自身的一部分了。孩子观察到章鱼皮皮的到来，并接收到它的信息："注意，到学校去可是危险的！"

我们通常会过于绝对地认为我们所感受到的就是不可动摇的真理，但事实上可不一定，尤其在情绪方面。我们已经看到、感受到的东西常常是对实际情况的放大。我们的内心往往会在分析情况时做出一些（有时甚至是极度的）夸大。因此，教会孩子质疑焦虑并理性反思是非常重要的。

这不会让焦虑立即消失，但这是一个有趣的工具，因为它利用了与焦虑自身相同的心理机制来影响孩子。一个有能力应对焦虑的孩子会变得不再那么脆弱，而不那么脆弱就等于对焦虑的敏感度降低了。

随着不断使用这些方法，章鱼皮皮会变得越来越小，直到有一天，孩子发现肩膀上只有一只小小的章鱼仔，挥一挥衣袖就能把它抖落掉！

工具 5 高光时刻

　　正如我们在前文中提到的，焦虑是一种对未来可能出现的麻烦的主观感受。为了消除焦虑的影响，孩子需要从自身过往的经历中汲取力量，用他已经取得的成功来做例证。例如，他害怕开学的第一天，因为谁也不认识，但他过去成功过，而且还不止一次。

升入一所新的中学是很困难，因为你谁都
不认识。但你曾经成功地克服了这个困难，
而且那时候你比现在还小呢！

还记得你上幼儿园小班、上小学一年级的情景
吗？不记得啦？那时你还很小，但你成功了。你
已经做到过了。你要相信自己。那时你不到一个
星期就交到了朋友。你很擅长社交！

　　把孩子过去的成功和他的能力联系起来，有助于增强孩子的自信心
和自尊心。这样就起到了正面强化的作用。

　　我们可以借此机会列出孩子引以为豪的事情和他已经取得的成功。
首先，让我们尽可能详尽无遗地列举：

你学会了骑自行车 / 滑
轮滑 / 滑冰 / 游泳……

那是你第一次
独自照顾弟弟。

那次你一个人
做 了 一 道 菜，
味道好极了！

你在三年级的时候做的
关于凡·高的演讲，实在
太棒了，你得到了非常
高的分数。

152

　　然后，我们可以尝试将这些事情归类，以便理清思路，并让孩子看到：在那些今天令他担忧的事情上，他在过去已经取得了哪些成功。这将会引导他更好地认识自己的性格、优点和不足。如果孩子总是很难看到自己好的一面，可以通过自我探索问答游戏来帮助他更多地了解自己。

工具6 自我探索问答游戏

自我探索问答游戏是一项经典的活动，常用于托管中心和其他课外机构。它可以帮助孩子发现自己以前没有意识到的特质。我们可以从日常生活中的一些简单的事物入手：

如果我是一个动物，我会是……

如果我是学校里的一门课，我会是……

如果我是一个游戏，我会是……

如果我是一项运动，我会是……

然后，我们进一步拓展问题：

如果我是一个名人，我会是……

如果我是一天或者一个季节，我会是……

如果我是一个英雄，我会是……

如果我是一个地方，我会是……

如果我是一个优点，我会是……

如果我是一个奖牌，我会是……

如果我是一个烦恼，我会是……

　　这个小游戏可以帮助孩子更好地了解自己，并用语言表达自己的感受。如果他发现了一些自己的缺点或失败之处，这很正常，而且这是好事。人无完人，他也不例外！发现问题，才能着手解决并不断进步。如果不能清楚地定义问题，那还怎么解决问题呢？在学校，每一道数学或物理题都有题干，对吗？生活也是一样：好好审题是解决问题的第一步。

　　第一件事就是找出"失败"的背景信息。当时发生了什么才导致失败或出现错误？识别出"干扰因素"之后，孩子才可能想办法改变它，并且更有信心进行下一次尝试。比如，下一次做演讲。

　　当孩子看到使用不同的方法就有机会改变现状，他就会推动事态的发展。另一方面，通过扩大对"失败原因"的分析范围，孩子会意识到很多因素都在起作用，所以他可以从很多方面入手。这就是分析和剖析问题的好处！

工具7 家庭会议

家庭会议是什么？家庭会议就是安排时间来讨论每个家庭成员日常生活的一种机制。有点像联合国安理会，但是它是在家庭范围内召开的。每个人都有发言权，至于否决权，由你们自己决定。但通常来说，将否决权交给父母会更妥当一些。

家庭会议上要说些什么呢？大家围坐一圈，给每个家庭成员一个发言时间，谈谈让他们烦恼和生气的事情，或者他们喜欢和想要的事物。我们可能会听到：

我受够弟弟了，他总是不经过我同意就进入我的房间。　或者　我想要一只迷你美国牧羊犬！

　　在家庭会议中不能生气。我们要倾听别人所说的话，这样才能一起找到解决办法。如果孩子希望在自己房间内安静地换衣服时，弟弟不要不敲门就闯入，那么我们就要听取孩子的诉求，并确保情况得到改善。这个会议的目的就是要把问题说出来。

　　要注意的是，提出来的问题必须能够得到改善。如果做不到这一点，你可能会再一次传递出一个错误的信息，那就是："你说了也没用，我们是不会处理的。"这的确会给父母增加一定的压力，需要你们找到解决办法。但更重要的是，这还可以避免你们拿一些错误的解释糊弄过去。是的，解释本身往往更容易出错，还会制造出更多的问题！

　　家长总以为自己知道发生了什么，然后采取一些看似能解决问题的办法，但这些办法可能毫无效果。最终，原来的问题依然存在，而最好的情况只是孩子压力增加，最坏的情况则是孩子会极度难过。同时，挫败感也会随着时间的推移不断增加，因为孩子会有这样的感觉：

我再怎么努力都没用，
我什么都改变不了。

孩子会陷入这样一种信念，就是认为没有人理解他所经历的事情（如果我们不去倾听而只是去做解释，那么他这么想也很合理）。因此，他觉得把问题说出来也没有意义。这实际上加重了问题。

▌ **让孩子把问题说出来是至关重要的。**

另一方面，在处理大问题的同时，这种小型的家庭会议也可以发现一些容易解决的小问题。逐渐地，小问题的解决为日常生活腾出了一些空间，你们就可以去关照房间里的那头大象（也就是那些大问题）了。例如，你家老大一向成绩优异，但他觉得你对他的关注不够，他可能会说：

你总帮着弟弟做作业，从
来不管我！

> **鼓励孩子把问题说出来，**
> **同时也要表达情感！**

如果我们希望孩子保持努力，那么至少要让这种努力得到认可，要重视孩子所做的努力。比如当孩子不再需要准备三个小时才能出门去上学——这对你来说可能只是时间安排和计划的问题，但对孩子来说，这意味着他要克服反复检查的强迫症，不再非得把衬衫的扣子扣好、解开、再扣好三次，确保一切都完美无误才出门——这真是一个了不起的成就！

在家庭会议结束时，我们要肯定每个人的努力，并制订家庭和个人的行动计划。重要的是，每个人都要从这个会议上带走一个行动计划，包括父母。如果孩子感受到家长也在努力，他会更愿意做出自己的努力。这不是他一个人的旅途，我们会在中途相遇，这是一个成功的团队！

我也会辅导你做作业！

工具 8 亲近小动物

宠物本身就有疗愈的效果，这种疗法还有一个名字：动物疗法。你可能听说过马术疗法（通过马进行治疗）。不过，并不是每个人都愿意在自己的客厅里养一匹马（而且马蹄的声音可能会惹恼楼下的邻居），

所以我们可以考虑收养一些体型较小的动物：猫、狗、鱼、仓鼠等。

不论是什么样的动物，它们都不能治愈伤痛，但它们确实具有不可否认的安抚作用。对于孩子来说，宠物是一个始终陪伴在身边的朋友。孩子可以与它们分享自己的恐惧和焦虑，也可以表达自己的各种情绪。

不过需要注意的是，动物不是一件物品或者装饰品。这里并不是在建议你收养一只宠物来作为缓解焦虑的工具，而是说如果你已经有了一只宠物，它很可能会成为孩子的情感支持。如果你没有条件或者不愿意在家里养宠物，可以建议孩子到家附近的动物收容所参加志愿活动。

工具9 关注小确幸

发现生活中的小确幸是一种不让自己被目标蒙蔽双眼的艺术。事实上，目标常常让人感到焦虑，因为它很遥远，有时候甚至遥不可及。要

想达到目标，就需要付出大量的努力、牺牲和时间，而最终是否能达到目标还是未知数。专注于目标，确实有可能提高成功的概率，但也有可能让孩子错过一些机会、一些有益的邂逅……这些不仅对实现目标有益，而且对丰富孩子当下和未来的经历都有帮助。

　　另外，每一天都可能有各种各样的变数让目标偏离轨道：一次体检可能会让孩子成为战斗机飞行员的梦想破灭，或者申请大学时没有选对合适的学校……这都是可能引发孩子焦虑的因素。

> 发现沿途的美景。
> 在追求目标的过程中，
> 学会享受路上的小确幸。

每个孩子来到这个世界上，天生就对一切充满好奇，甚至包括那些微不足道的东西。这是每个孩子的出厂设置里都具备的能力，但教育有时会以追求效率的名义将其扼杀。这实在太可惜了，我们必须与这种有害的趋势做斗争。

对周围环境的敏感和好奇会让孩子渴望在上学的路上再看到那朵"非同寻常"的花。好吧，报春花确实很美，但它真的那么"非同寻常"吗？从某些方面来看，也许是，但我们的看法并不重要！我们的任务是保护孩子的热情，甚至培养和维持这种热情。

我们还可以创造一些"不同寻常"。天黑得早，天气寒冷，凛冬已至，你不觉得此时黑黢黢的窗户会使气氛变得压抑吗？是时候用画笔在窗户上画画了。12月，我们可以画雪花、圣诞树；3月，我们可以画花朵……总之，我们可以给日常生活注入一点魔法！

你要和孩子一起准备午餐吗？你可以建议他用星形的饼干模具切土豆，并把最后一个土豆切成火箭的形状。开发一些有创意的做法吧，不要总是严格按照菜谱来烹饪。

你现在明白了吧，我们是要在不改变目标的前提下，为日常生活增添新鲜感。这会使孩子明白，生活不仅仅是成绩和束缚（虽然这确实是生活的一部分），也可以有一些闪光的时刻，即使不能让每天的生活都绚烂夺目，至少也可以乐趣横生！

工具 10 暴露脱敏法

在认识了所有的工具，并且能够熟练使用它们，成为一种下意识的反应后，我们就可以利用它们来减少焦虑了。

● **在焦虑中前行**

我们前面谈到过，在学习管理焦虑的过程中，有几个步骤：第一步不是完全感觉不到焦虑，而是要让孩子能够在焦虑的情况下，完成他原本计划要做的事情，不会被焦虑所阻碍。比如，要完成一次关于埃及金字塔的演讲，去面包店买一个牛角面包还要直视店员的眼睛，或者独自在自己的房间里睡觉。在第一阶段，焦虑仍然会存在，这意味着这些任务的难度依然不小。但是，他会成功的！

● 循序渐进

"他会成功的"到底是什么意思呢？为什么这次他会成功，而之前却不行呢？他会成功是因为在暴露脱敏的阶段，我们会进行正面强化。这意味着我们会仔细甄选那些他要经历的情境。

举个小例子：孩子在爷爷奶奶家跟兄弟姐妹在一个房间睡了三周后，开始害怕独自一人在自己的房间里睡觉。如果在回家一周后，孩子每晚都还会入睡困难，这时即使你决定开始进行暴露脱敏训练，也不一定能在一开始就见效。要想成功，我们需要选择好一开始的曝光点。该怎么做呢？我们要选择一个孩子认为有点困难，但他一定能做到的情境。因此，让孩子参与第一步的选择是非常重要的，他要和我们一起选择。

什么是他认为即使有点困难，但也肯定能做到的事情呢？

→ 比如，独自入睡，但保持走廊的灯开着，门也敞开。

→ 或者，独自入睡，但播放一些柔和的古典音乐作为背景音。

为了确保这种方法能实现最终的目标，而不必每晚都开着走廊的灯或者播放背景音乐，我们需要告诉孩子：他正在学习不再对黑暗感到焦虑，并且每晚都在不知不觉中取得进步。如果今天晚上妈妈或爸爸在孩子身边看书来陪他入睡，那么下一次，爸爸或妈妈可以坐得离他稍微远一点。而到那时，孩子也会接受，因为在这期间，他已经通过练习适应了。

我们要做的就是重复进行这一步，直到孩子完全适应这个情境，或者说，直到他在这种情境下完全感觉不到压力。这可能需要一两个晚上，也可能是一周的时间。这个过程需要足够的时间，期间我们还要通过给孩子正面的反馈来强化效果。

工具 11 正面强化

　　什么是正面强化？请记住，我们在第 1 章谈到过负面强化。强化是焦虑最喜欢的机制。一件事如果孩子第一次没做好，第二次再做的时候他就会感到压力重重。因为他有预期性焦虑，第二次的结果通常也好不到哪去（不一定更糟，但也不会更好），这就强化了他不喜欢这件事的想法。

　　在暴露脱敏练习中，我们要做的恰恰相反：我们要确保事情顺利进行。因此，我们要选择一件不太困难的事情（但也不能太容易，因为孩子也不傻，他当然知道有爸爸坐在床边比没人陪伴更容易入睡），并进行正面强化。

如果说让我坐在床边陪你入睡这事太
容易了，那我们还能怎么办呢？

要不你就坐在房间里？

行，我们就这么试试，看看这么做对你来说是太容易还是有点难度了。

我们的目标是让这次的暴露脱敏取得成功。

> 成功不是指成功地消灭了焦虑，
> 而是指成功地管理了焦虑。

第二天早上，就是进行正面强化的时候了。

干得漂亮！昨晚你
成功睡着了！

我觉得今天晚上肯定更容易
了，因为你昨晚就成功啦！

这对于孩子来说可能有点复杂，但只要他成功了，这就是我们要传递给他的信息。

只要孩子没说有你坐在房间里入睡得太容易，我们就保持在当前这个阶段。这可能需要一些时间，也许要一周。当你坐在孩子房间里，他能够完全放松，不再感到任何焦虑时，就可以进入下一步了。

虽然有点难，但是我肯定能做到。

昨天我做到了，所以今天我会更容易做到！

如果我们再回到那个害怕独自入睡的孩子的例子，第二步就是你坐在他的房间外面，但要让孩子能够看到你。在刚开始进行暴露脱敏练习时，这种做法（坐在孩子房间外面）可行不通。只有在他成功地处理了前一阶段的焦虑后，他才可能有信心去面对这一阶段的挑战。每天都需要加强他正在建立的自信，这一点很重要。

▶一个小技巧

家长要注意对这些做法的叫法。对于一个害怕独自入睡的焦虑孩子来说，告诉他这项训练的目的是让他自己入睡，这对他既没有什么激励作用，也不会吸引他为此做出努力。正确的做法是把它说成是一种克服焦虑和远离章鱼皮皮的方法。家长可以综合运用我们在本章中介绍的其他工具。

我们事先检查了房间，确保这里"没有大怪物"，也就是说房间里没有怪物的藏身之处，没有投射出的阴影，也没有其他可能在孩子上床时吓到他的奇怪声音（也许你在做检查的时候发现邻居每天晚上 8 点半会准时开动洗衣机。为什么呢？不知道啊，反正这种怪异的声音让孩子不舒服）。最后，我们重新布置了房间，让床正对着门，取下了窗帘（因为"怪物会躲在后面"）。现在房间里已经是一片安静祥和了，我们可以开始使用之前提到的各种工具了。

如何在日常生活中使用这些工具

我们可以通过提醒孩子，或者以纸牌游戏的形式来呈现这些工具——比如对于喜欢奥特曼卡牌或者小马宝莉卡牌的孩子，就可以用类似的形式。你可以花一个下午来制作这些卡片。可以将卡纸（或者刚收到的快递箱）剪成 10 厘米 ×15 厘米大小的卡片，让孩子在上面画出不同的工具。

你需要以下卡片：

一张"肌肉放松卡"

一张"呼吸放松卡"

一张"心理放松卡"

一张"ACARA 卡"

一张"美好结局卡"

一张"拟人卡"（上面有黄色的章鱼皮皮）

一张"好汉卡"（回忆高光时刻，使用过去的成功案例）

一张"自信卡"（自我探索问答游戏）

一张"超人卡"

你还可以鼓励孩子发明新的卡片！卡片越多，他面对章鱼皮皮的办法就越多。这会减轻他的脆弱感，从而减轻焦虑。

情景模拟是控制焦虑的关键做法。无论是对于独自一人在房间里入睡的焦虑，还是每天早晨上学路上经过那栋有蓝色窗户的大房子时对里面大狗的恐惧，抑或是在全班同学面前做演讲、参加高考、参加工作面试，以及任何其他引发压力的情境，我们都可以通过情景模拟来更好地应对焦虑。

　　需要注意的是，孩子可能会在未来几年中遇到不同类型的焦虑：首先是怕黑，然后是怕狗，接着在青春期还会怕上台演讲，等等。这就是为什么越早为孩子提供有效的应对工具越好！这里我们要学会的不是应对某一种具体的情境，而是要学会处理一类感受。这也是为什么这些工具有着广泛通用性的原因。

　　我们从"超人卡"开始。这张卡片展示的是孩子摆出超人的姿势，站得稳稳的，双腿分开，双手叉在腰上，身后的斗篷飘扬。这是一个能够唤起孩子想象力的姿势，通过对超级英雄的认同感来增强自信心。

　　我们需要根据不同的情况调整工具，这里没有硬性规定。正如我们之前提到的，最有效的工具就是孩子最喜欢的工具。因此，不需要每次都用到所有工具。我们需要留心哪些工具在某些情况下更有效，然后在下一次遇到类似情况时重复使用它们。

　　对于那些使用多次但是不起作用的工具，我们可以暂且搁置不用。只要目标没实现，我们就可以一直使用这些工具。在此有必要重申，这里说的"目标"可不一定是完全消除焦虑。

　　接下来继续进行放松练习。如果孩子感到焦虑，我们也可以提醒他使用"ACARA 卡"。

我是我自己的超级英雄，我一定能战胜章鱼皮皮。

记住，感到焦虑是很正常的。你不需要战胜焦虑，因为你可以选择接受焦虑。这有点难受，但是没关系。

　　不需要在每次孩子感到焦虑时都给他一张卡片，可以把所有卡片放在床头柜里，这样孩子在需要时就知道去哪里找。我们逐步使用这些不同的工具，同时记住情景模拟的目标。

　　如何灵活地使用这些工具，使它们共同发挥作用呢？

> 关键是在出现明显的焦虑感时，
> 系统性地使用这些方法。
> 不要放过任何机会！

　　焦虑，就好像一个 4 岁的小孩在晚餐前找你要一块巧克力。如果你今天晚上给了他一块巧克力，可以肯定的是，第二天他也会要，然后第三天还会要……一旦陷入这个循环，你就需要在很多个晚上都坚持不妥协，最后才能让他不再在晚餐前要巧克力吃。焦虑，也就是章鱼皮皮，也是这么做的。只要有机会成功，它就会试一下。

只要有时候管用，那我就试试！

　　要想阻止它，我们就要在每一次焦虑发作的时刻，花点时间找到心理工具来应对。不需要每次都使用所有的工具。孩子会在不断使用的过程中逐渐熟悉这些工具，像叠千层饼一样使用它们，最终会找到他最趁手的工具。

下面举一个孩子要在地理课上做演讲的例子。前一天晚上，孩子可以在入睡前做放松练习；早上出发去学校前，他可以再做一次放松练习；如果还感到紧张，可以使用 ACARA 工具，还可以使用拟人法、美好结局法等工具。然后在这一天中就不需要再像平时那样在床上做放松练习了。在他准备上台演讲前，只需要坐在椅子上进行腿部和腹部的肌肉放松，或者只做呼吸放松就够了。

> 要具体情况具体分析，孩子可以从自己的
> 心理工具箱中挑选最趁手的工具！

同时我们要记住，焦虑实际上正在向我们发送信息。在上面的例子中，焦虑就是在对孩子说："你要为这次演讲做好准备，不要双手插兜毫无准备地上场！"没错，放松练习固然非常好，但是提前熟悉演讲的内容并了解听众的人数，也就是为这种令人焦虑的情况做好充分准备，同样是管理压力和驯服焦虑的必要条件。

结　论

"结论"这个词其实不太适合用在焦虑这样的主题上，因为正如我们所看到的，焦虑不会完全被消除，它只会趋于稳定，所以我们要学会控制它。然而，请记住，对于那些容易焦虑的孩子而言，他们对生活、环境等方面的特殊敏感性也是一种财富。家长要懂得珍惜并充分利用这种敏感性！

家长面临的挑战在于如何找到适当的平衡点：既不能完全贬低这种敏感性，因为这样会对孩子自尊产生极其负面的影响；又不能让它过度膨胀，因为它确实无孔不入。

和所有事情一样，我们需要用批判性的眼光来看待孩子的感受：不要把每一种想法和感受都当成绝对的真理，而是要质疑、试着改变，这样才能把孩子从桎梏中解放出来，让他自由地做自己，并从章鱼皮皮的束缚中解脱出来，最终把章鱼皮皮从肩膀上轻轻拂去……

通过使用本书中提出的心理工具来管理焦虑情绪，这个过程的关键词就是：

▶ **系统性**：孩子每次感到焦虑时都要使用这些工具。

▶ **持续性**：要长期使用这些工具，直到潜意识不再习惯性地发送焦虑这种信息。

章鱼皮皮，拜拜喽！